日本初、群生相への相変異の記録
― 1986年、鹿児島県馬毛島、トノサマバッタ大発生 ―

田中 章

南方新社

はじめに

　トノサマバッタは世界中に広く分布し、各地で大発生してイネ科作物を中心に農作物に大きな被害を与えてきました。わが国の歴史書にも蝗害（こうがい）として度々記録されています。
　同様に蝗害をもたらすサバクトビバッタは、２０２０年もアフリカで大発生して、アフリカ東部のケニア、エチオピア、ソマリアを中心に農作物の被害を与え、この３カ国だけで１２００万人が影響を受けたそうです。バッタの群れは、１日で３万５０００人分の食糧を食べてしまいます。地元のケニア政府は小型飛行機から殺虫剤をまきましたが、バッタの群れは数千億匹にも達しました。１日１５０km近くを移動することがあり、マメやトウモロコシを食べ尽くしてしまうと、ケニアの人は心配したということです。
　トノサマバッタが大群をなして移動することは、アフリカ、南米、中国でも古くから知られていますが、わが国でも明治以降、北海道や関東平野、沖縄などでも大発生がありました。このことは後で詳しく説明するとして、日本でも１９８６年、トノサマバッタの大発生が起こり、大群が飛び回るという、アフリカのサバクトビバッタ大発生と同様の光景が見られたのです。
　その大発生が起こった場所は、日本の宇宙基地鹿児島県種子島の西方11km海上にあり、世界自然遺産屋久島との間にある小さな島、馬毛島（面積約820ha）でした。
　まさか、と思われるようなことが本当に馬毛島で起こったのです。日本ではもう二度と見られないだろうトノサマバッタの大発生。アフリカに行かなければ見られないような光景です。その発見から、発生が収束するまでを詳しく調べ、観察しました。日周行動観察や生態調査、群飛や移動の実態について記録し、多くの写真に収めました。トノサマバッタの群飛の写真としては貴重で珍しいものと思います。
　これらの大発生の経過と結果については様々な機会に報告してきました。桐谷圭治さんと共同で行った報告を主体に、写真集（報告書）として今回刊行の機会を得ました。トノサマバッタ大発生の記録としては、50年近く前のことですが、日本で初めての貴重なものです。

目次

はじめに 2

第1章　記録写真

1. 群飛
   - 1986. 9. 26 6
   - 1986. 10. 4 16
   - 1986. 10. 4 ヘリから空撮 20
   - 1986. 10. 10 24
   - 1986. 10. 21 群れの移動の詳細 26
2. 生態
   - 幼虫のマーティング 28
   - 日光浴 32
   - ファニング（翅をパタパタ動かす行動） 34
   - 穂先に集合 36
   - 夜間 38
   - 食害 40
   - 天敵 42
3. 相変異 44
4. 越冬調査
   - 調査風景 48
   - 越冬態 50
5. 疫病の多発生によるバッタの全滅 52
6. 住居跡等 54
7. 種子島 56
8. 防除 57
9. その後の調査 58
10. 1996年、馬毛島で多発生 59
11. 徳之島での多発生、1996年 60

第2章　報告文書

1. 大発生の概要
  (1) トノサマバッタの大発生の報 62
  (2) 馬毛島に上陸して確認 63

2. 幼虫の集団行動
  (1) 幼虫の地上集団 64
  (2) 幼虫の集団行動と発生虫数 65
  (3) 幼虫に対する防除 66

3. 成虫の大発生
  (1) 大発生の概要 67
  (2) 大集団の群飛行動 67
  (3) 大発生にどう対処するか 68

4. 数千万頭の成虫の群飛移動行動
  (1) 群れに何匹いるか（密度推定） 69
  (2) 成虫群生個体群の9－11月行動観察 69
  (3) 成虫の大群での飛翔行動の記録と、行動の一般性 76
  (4) なぜ移動生活をするのか 77
  (5) 大発生したトノサマバッタで確認された天敵 77

5. 群れとして行動する成虫の生理と生態
  (1) 成虫を飼育して生理、生態を調査 78

6. 相変異
  (1) 昆虫の相変異 81
  (2) 群生相と孤独相のちがい 82
  (3) 馬毛島のバッタの群生相の程度 83
  (4) 飛ぶ能力の比較 85
  (5) 前胸背板のへこみ程度 86
  (6) ファニング（翅をパタパタ動かす行動） 86

7. 秋から冬のバッタの行動と越冬調査
  (1) 馬毛島から飛び出さないか 87
  (2) ついに馬毛島から種子島へ飛来 88
  (3) 越冬成虫に対する防除 88
  (4) 群れが小集団化、成虫越冬体制に入る 89
  (5) 越冬調査から第一世代発生へ 90
  (6) 産卵された卵塊から5月に幼虫がふ化 91

8. 病気（糸状菌）の大流行
   (1) 突然いなくなったバッタ 92
   (2) 流行病の病原体 93
   (3) 流行の条件 93
   (4) 生物的防除に利用できないか 94

9. 1年間の発生経過（周年経過）と大発生の原因は？
   (1) その後の馬毛島のバッタ 94
   (2) 馬毛島における周年経過 96
   (3) 馬毛島で大発生した原因 96

10. その後、馬毛島でのトノサマバッタは？
   (1) 1987－1988年の発生 98
   (2) 1996年の多発生 98

11. 世界のバッタ事情
   (1) 日本のバッタ発生事情 99
   (2) 世界のバッタ事情 101

12. これからの馬毛島、どうなる、どうする
   (1) バッタの島、夢の島、馬毛島は東洋のパラダイス
       103

おわりに 105
謝辞 106
主な参考文献 107

記録写真

1. 群飛　1986. 9. 26

1986.9.26 ダンチクの中から羽化初期のバッタが飛び出していく

1986.9.26 草原で、群飛と休憩を繰り返し繰り返し、羽化成虫は飛翔の練習をしているようだ

1986.9.26 休憩のため草原に降りた群れ

1986.9.26 群れの中にいるとバッタが当たってくる

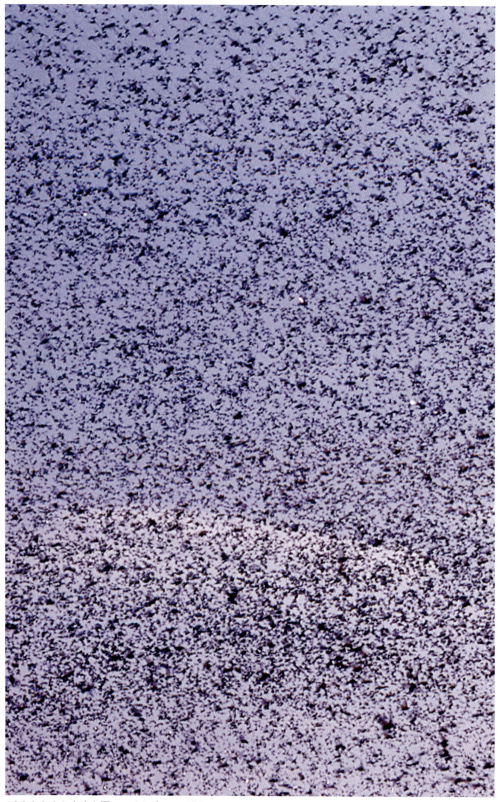

1986.9.26 上空を覆いつくすバッタの群れ

1986.9.26 群れの中を歩く

1. 群飛　1986.10.4

1986.10.4　群れの移動の途中

1986.10.4 岳ノ越近くの草原。群飛と休憩を繰り返す

1986.10.4 岳ノ越近く。群れを追いかけて車で移動した

1986.10.4 岳ノ越近くの草原を移動する

1986.10.4 岳ノ越周辺を群飛、移動する

1. 群飛　1986.10.4 ヘリから空撮

1986.10.4 ヘリコプターからバッタの群れを追う牧場あと

1986.10.4 ヘリでバッタの群れを追う

1986.10.4 ヘリでバッタの群れを追う。群れは林のかげに沿って飛ぶ

1986.10.4 ヘリでバッタの群れを追う

1986.10.4 ヘリでバッタの群れを追う

1986.10.4 ヘリでバッタの群れを追う

1. 群飛　1986.10.10

1986.10.10 飛翔中のバッタ

1986.10.10 牧場あとの草むらで休憩する

1986.10.10 飛翔中のバッタ

1986.10.10 飛翔中のバッタ

1. 群飛　1986.10.21　群れの移動の詳細

1986.10.21 島の北側、垣瀬海岸。
バッタはハマヒサカキの藪の中で夜を過ごす

1986.10.21　9:00頃、群れで飛び始める

1986.10.21 朝、日が照るとバッタは動き出す

1986.10.21　9:30頃、飛翔が激しくなる

1986.10.21　8:00過ぎ、一部が飛び始める

1986.10.21 9:40頃、一定方向へ飛び始める

1986.10.21 群飛が始まり雲のように見える

1986.10.21 10:30頃、垣瀬海岸から殆ど飛びたち、一部残っている

1986.10.21 垣瀬海岸から移動中（夕方休む）

2. 生態　幼虫のマーチング

幼虫特有の行動、マーチング。約1kmにわたって隊列が続く

夥しい数の幼虫

個体の間隔は5〜20cmだが、触れ合うほどの密集した部分もある

隊列が日向を好むのは体温を上げるためか

マーチングは舗装された道路だけではない

一定方向を向いて歩く

道路脇の草を食べる個体もいる

成虫と幼虫が混在して草を食べる

2. 生態　日光浴

1986.9.26　夕方気温が下がり始めると日向に集まって日光浴をする

1986.10.21 移動の途中、日の当たる岩で休憩する（成虫）

温まった岩に集まる。岩陰は風を避けるためか（成虫）

温まった岩に集まる（成虫）

2. 生態　ファニング（翅をパタパタ動かす行動）

ファニングは10月中旬から11月に雨の後など気温の下がったときに見られる。体温を上げるためか

ファニング

ファニング

チガヤにとまったバッタが一斉にファニングすると幻想的である

ファニング

ファニング

2. 生態　穂先に集合

夕刻穂先に集合して眠る

穂先に集合

穂先に集合

穂先に集合する理由ははっきり分かっていないが、天敵から逃れるためか

夕焼けの中、穂先に集合するバッタ

2. 生態　夜間

ガジュマルの気根で休む幼虫

ススキの株もとで休む成虫

ハマヒサカキの茂みで休む成虫

灌木で休む成虫

2. 生態　食害

ビロウの葉を食害する幼虫

ビロウを食害する成虫

ビロウを食害する成虫

ダンチクを食害する成虫

ダンチクを食害する成虫

リュウキュウチクを食害する成虫

2. 生態　天敵

カマキリに捕食される成虫

カマキリによる夜間の捕食

モズに襲われたか

ナガコガネグモに捕えられた成虫

ナガコガネグモに捕食される

ナガコガネグモに捕食される

3. 相変異

群生相は色が黒く体が小さい。胸部背面がくぼむ
左上／孤独相の雌　右上／群生相の雌
左下／孤独相の雄　右下／群生相の雄

孤独相の成虫雌

群生相の成虫雌の産卵

孤独相の幼虫

向かって左が孤独相の幼虫、右が群生相の幼虫

群生相の幼虫

群生相の幼虫。まれに孤独相と思われる緑色の幼虫も見られた

孤独相の雌と群生相の雄の交尾

群生相の雌雄の交尾

群生相の形態

上から3番目が孤独相か。他は群生相

9月に採集された成虫

脱皮した孤独相と思われる成虫

孤独相と思われる幼虫

群生相の幼虫

4. 越冬調査　調査風景

1987.1.22 越冬調査

1987.2.23 越冬調査

1987. 3.26 越冬調査 (1)

1987. 3.26 越冬調査 (2)

1987. 4.14 越冬調査

4. 越冬調査　越冬態

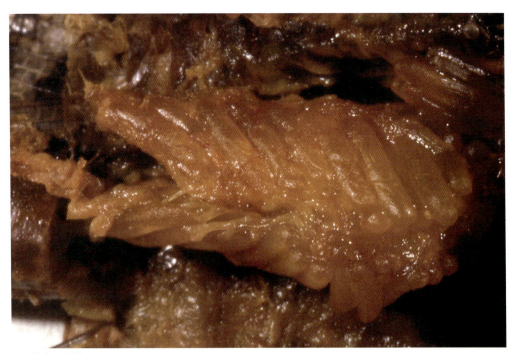

メス体内の卵巣

産卵中、白い部分が卵鞘

地表から5cmに産卵

土の中から掘り出した卵鞘

孵化幼虫が産卵孔から出てくる

孵化幼虫

5. 疫病の多発生によるバッタの全滅

ススキの穂の先端部に死んだバッタが見られた。成虫及び幼虫

糸状菌による病気

腹部から胞子が放出される

30㎡のススキ草原に成虫幼虫の死体が何百頭も見られた

幼虫

成虫も一部に見られた

よく見れば死体が目につく

穂先で死ぬのは胞子の効率的分散のためか

6. 住居跡等

馬毛島小学校

馬毛島小学校

馬毛島小学校校庭にもバッタ

1980年くらいまで人が暮らしていた

かつての住民が植えていた花

ゲットウの実

廃屋

廃屋が調査隊の宿舎になった

7. 種子島

飛ぶバッタ

海岸を群飛する

種子島より馬毛島を望む

馬毛島より見える薩摩半島開聞岳

8. 防除

馬毛島に到着した防除隊

1986.9.26 幼虫の防除

1986.9.26 幼虫の防除

1986.9.26 防除された幼虫

1986.9.26 防除された幼虫

1986.12 越冬成虫に対する防除

1986.12 越冬成虫に対する防除

9. その後の調査

1987.8.1

1987.9.5

1987.9.27

1987.9.27

10. 1996年、馬毛島で多発生

群生相に近い形態 1996.7.16

食害されたダンチク 1996.7.16

ススキも食害された 1996.7.16

飛ぶバッタ 1996.7.16

飛ぶバッタ 1996.7.16

11. 徳之島での多発生、1996年

食害されたサトウキビ 1996.8.21（鹿児島県農業試験場徳之島支場）

病死したバッタ 1996.8.21

病死したバッタ 1996.8.21

病死したバッタ 1996.8.21

病死したバッタ 1996.8.21

第 2 章　報告文書

1. 大発生の概要

(1)トノサマバッタの大発生の報

　鹿児島県の農業試験場で害虫防除の仕事をしていた私が、馬毛島でのバッタ大発生の知らせを受けたのは、1986年9月25日15:00頃でした。当日は、我が国の植物防疫関係の全国会議が霧島のホテルで開催されていました。その会場で電話の呼び出しを受けたのです。

　電話に出ると、鹿児島中央病害虫防除所熊毛支庁の永島田義則さんでした。馬毛島で、ものすごい数のバッタが大発生しており、今日25日、熊毛支庁と西之表市役所の病害虫担当者が現地調査に行ってきた、数えきれないほどのバッタが大発生し、バッタの大群が島をおおっているという、非常に興奮した口調での知らせでした。

　話によると、昨日9月24日、馬毛島周辺で漁をしていた漁師から、西之表役場に通報があったということです。漁師が船を島に近づけると、馬毛島の上に雲がかかったみたいに見える、どうも虫みたいに見えた、と。そこで永島田さんたちは、早速25日に現地馬毛島に向かい上陸したところ、ものすごい数のバッタがいて驚いた、今、種子島に帰ってきたという報告でした。私は電話で話を聞きながら、アフリカの砂漠のサバクトビバッタの大発生、群飛の写真を思い浮かべていました。

　その日はタイミングよく、日本の昆虫学の専門家である桐谷圭治さん、梅谷献二さんをはじめ多くの昆虫生態の専門家が参加する日本植物防疫協会の害虫防除研究会が霧島で行われていたのです。バッタが大発生しているらしいと話したところ、すぐに調査に行くべきだということになりました。農業環境技術研究所の桐谷さんが、会議の主催者でないから抜けられる、一緒に行こうということで、鹿児島中央病害虫防除所の原次夫所長と3人で翌日26日早朝の飛行機で種子島へ向かうと現地に連絡し、西之表で合流して馬毛島に向かうことにしました。

　バッタが大群をなして移動することは、アフリカ、中国でも古くから知られています。この外国のことは後で詳しく説明するとして、日本でトノサマバッタの大発生が起こり、アフリカなどのように群飛が発生したというのは大変なニュースです。大発生の様子は、その後テレビや新聞でも何回も取り上げられるほど珍しく貴重なことだったのです。

　我が国におけるトノサマバッタの大発生は、明治時代から昭和のはじめに北海道、その後全国で報告があり、1971年から74年には沖縄県南大東島の記録があります。その後、日本でトノサマバッタが大発生する可能性はおそらくないだろうと思われていましたが、1986年、鹿児島県馬毛島で大発生が確認されたのです。

　馬毛島は、鹿児島県種子島の西方11kmの海上、北緯30度45分、東経130度11分にあり、面積約820ha、周囲12km、標高71mの平坦な島です。この島は、多いときは500人以上の人が住んでいましたが、1980年から無人島になりました。島で生活していた人は、サトウキビ、サツマイモなどを栽培していましたが、それ以後は畑だったところも、ススキ、チガヤなどイネ科植物を主体とした荒地になりました。島の3割がクロマツ林で、島には数軒の空き家が残っており、島では開発業者が入り込んで仕事をしていました。

(2) 馬毛島に上陸して確認

　1986年9月26日は現地の調査団（西之表市役所、鹿児島県熊毛支庁と普及所、病害虫防除所や農協からで構成）と合流して、総勢十数人で馬毛島に向かうことになりました。定期船は通っていないため、現地で手配した2艘の漁船を貸し切って渡りました。

　かなり大波の中、海上11kmを30分かけて馬毛島にたどり着き、葉山港から上陸しました。5年ほど前まで人が住み小学校もあった島ですから、荒れ果ててはいるものの道路は島内各所に通じています。トノサマバッタ発生の様子を調べるため、島で観葉植物を掘り取っている業者に鹿児島県が払い下げたジープ2台を借りて島内を走り回りました。

　走っている間はしっかりとジープにつかまっていないと、いつ投げ出されるか分からないような悪路もあります。その上、道の両側に生い茂ったダンチクやガジュマルなどの枝が容赦なく車内にビシビシとはね返ってきます。ちょっとした探検気分になりました。

図1 鹿児島県馬毛島の位置

図2 馬毛島の地名

この9月26日、成虫の多く群れているところ、幼虫が多数集団をなしているところ、食害が進んでいるところを見て回りました。

道路を埋め尽くすような黒い幼虫の行進、イネ科植物に摂食のため鈴なりに集まる黒い成虫・幼虫、空をおおうようなバッタの群飛、まさに群生相といえる大発生でした。

虫の発生状況から、明治時代に北海道で起きたトノサマバッタの大発生以来の大発生と思われました。きちんとした記録が重要と考えて、この状況に対する今後の調査観察の方法、写真の残し方など、桐谷さんに相談しながら島内を回っていました。

2．幼虫の集団行動

(1) 幼虫の地上集団

馬毛島に上陸して最初に私たちを驚かせたのは、道路上に見られた幼虫の密集集団でした。幅3mくらいの道が突然真っ黒な幼虫の集団でおおわれ、それが20mにも及んでいます。幼虫は背面が半分以上黒色、腹面は黄色からオレンジ色で、ひどく目立つ体色をしています。大部分は3～5令幼虫のようです（表1）。

表1 発見当時頃のトノサマバッタ幼虫の令構成（1986年）

令構成		2	3	4	5
9月26日	0	1	24	233	15
10月5日	0	0	0	59	219

道路わきのリュウキュウチクやススキにも幼虫が鈴なりで、柔らかい葉の部分は全部食べられ茎だけ残っていました。このような幼虫の大集団は2カ所で見られましたが、ところどころで幼虫で真っ黒になるほど密集した所もあり、そのような地点では路面は幼虫の糞でうす緑色になっていました。

ジープの車輪の下敷きになって死んだ個体数を数えてみたら、低密度の所で1㎡当たり40頭、高密度区で1800頭と計算されました。目視による概算では幼虫どうしの間隔は4～6cm、1㎡当たり約600頭、高密度区はこの数倍と思われ、ほとんどくっつき合っているような感じの部分もありました。葉山の小中学校付近における幼虫密度は表2のようでした。私たちが近づくとピョンピョン跳ね、道の両側に散らばっていきますが、数十秒たつとすぐにまた集まってきます。このような幼虫の集団（ground group）の形成には、視覚と嗅覚が重要な働きをしているといわれています。

表2 葉山の学校付近における幼虫密度（9月26日）

①30cm×30cm　60頭　1㎡約600頭
集団の虫で黒くなった部分はこの5～6倍の幼虫数
②車の下敷きになった個体数
少ない区　25cm幅　4mで　41頭　41頭／1㎡
多い区　25cm幅　50cmで　221頭　1768頭／1㎡
③道路脇の草原、36cmあみをかぶせた虫数
①60　②19　③46

ジープ 2 台で島全体を見て回り、島全体の虫の発生分布を大体は把握しましたが、幼虫、成虫ともどれだけの数がいるのかは、簡単には分かりそうにありませんでした。後で調べることにします。

(2) 幼虫の集団行動と発生虫数

トノサマバッタに限らず、飛蝗といわれるバッタ類が大発生したとき、群生相（後述）の幼虫は、集団（band）を組んで行進するといわれています。この集団行進（マーチング）こそ、群生相幼虫の特徴的な行動なのです。

幼虫の地上集団は島の東部で見られましたが、"行進"は最後に見回った中－南部の道路で多数見ることができました。幼虫が車の轍（わだち）に沿って 5〜20cm の間隔で、一定方向に向かってピョンピョン跳びながら行進していました。ジープの距離計で測ったところでは、途中で途切れながらも、約 1km その隊列は続いていました。はじめはジープと同じ方向に行進しているのでジープに追われているためかと思いましたが、帰途はジープに向かって行進してくる場所もあり、場所によって行進方向が異なるようでした。彼らは、一体どのようにして行進の方向を決めるのでしょうか。

集団行進の方向を決める要因については、決定的な結論は出ていないようです。風向と太陽の位置が重要だと考えている学者が多いようです。幼虫は轍 2 列になって行進している場合が多かったのですが、ある所では右と左の列が全く反対方向に向かっていました。これは一体どう説明すればよいのでしょう。トノサマバッタの群生相幼虫の集団行進は、ふ化直後の幼虫から見られるそうです。エコリスキー（1929）がソ連で調べた結果では、1 令幼虫では 1 分間に 2.5〜5.5m、5 令ともなると 6〜10m も移動します。孤独相の幼虫はこれにくらべてきわめて遅く、5 令幼虫でも 1 分間に 4〜6cm という程度です（デカンプ、1962）。群生相幼虫の行進速度は、集団としては休んでいる個体もかなりあるため、そんなに早くは進まないようです。私たちが見た幼虫は、すでに 3 令幼虫以降になっていたため、若齢幼虫の行動は観察できませんでした。また、この行動は温度にも支配されるようで、普通は午前か午後に 1 回見られるそうです（ウバロフ、1966）。しかし、1 日当たりの移動距離は、老令の集団では 7〜8km にも及ぶことがあります（ノビイスキー、1963）。

この時の幼虫の発生量はどのくらいだったのでしょうか。

幼虫の集団は、9 月 26 日、10 月 4 日、10 月 10 日、10 月 12 日で見られました。幼虫の集団は 9 月末から 10 月 12 日までしか見られませんでしたので、これらの幼虫の集団の分布と幼虫数はどれだけいたかという推定を行いました。図 3 は 9 月 26 日、図 4 は 10 月 4 日および 10 月 12 日に幼虫の集団が見られた地点です。5 令幼虫はつぎつぎに羽化して飛んでいきますので、2 回の時期で、ダブることは少ないと思われます。この時の 4 地点の幼虫数は 55 万頭と推定され、周辺の草地にもいますので、9 月末から 10 月はじめの時期の幼虫数は 50 万－100 万頭と推定されました。

図3 幼虫の確認された地点 1986年9月26日

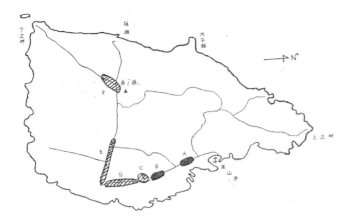

図4 幼虫の確認された地点10月4日（GHBCJ）、10月10日（HL）、10月12日（IK）

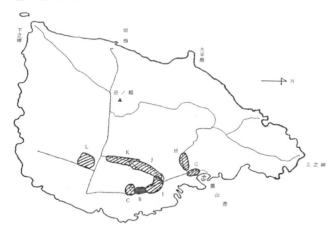

(3) 幼虫に対する防除

　種子島の農家としては、この大発生しているバッタが種子島に飛んできて、主幹作物で、収穫間際のサトウキビを食害するのが一番の心配事でした。

　はじめての調査のとき、種子島からサトウキビの茎葉を持っていき草原に置いたところ、バッタの幼虫、成虫がすぐに集まり食べはじめました。馬毛島にバッタの発生状況の調査に行った時から、どのような方法で効率的な防除ができるかとみんな真剣に考えていたのです。最初に調査を行った時から、役場や農協の人たちは背負い防除機を持ち込み、幼虫の多い所ではその草地にとどまり防除機で散布作業を行いました。幼虫を対象とした防除は、馬毛島小中学校内、学校手前の道路、岳ノ越手前の道路、など数カ所で行われました。一方ではバッタの幼虫を取って食べさせるため、ニワトリを10羽ぐらい西之表から持ち込み、学校の校庭や幼虫の多い所に放しました。防除の結果については、9月26日の防除の他、10月4日と12日にも行われ、表3のような結果でした。

表3 馬毛島のトノサマバッタ幼虫防除結果の概要

防除年月日	薬剤名散布量	防除区域	防除時刻	防除効果
1986年10月4日	MEP3%粉剤 16袋 48kg	葉山〜高房 道路沿い	11:00〜15:00	道路沿いの幼虫は 死亡多数
同年 10月12日	MEP3%粉剤 13袋 39kg	葉山〜高房 道路沿い	13:00〜16:00	前回の効果もあり 幼虫減少

背負式動力散粉機使用

　トノサマバッタの薬剤防除が種子島の人にとって、一番大事なことでした。そこで私たちは、効果のある薬剤を選択するため10月5日幼虫と成虫を採集して試験場に持ち帰り、室内試験を実施しました。その結果、供試したスミチオン、デナポン、バッサ、エルサンバッサ、トレボン剤、いずれの薬剤でも顕著な防除効果が見られました。成虫が種子島に飛来して防除が必要になった時に備え、農協で薬剤を準備し、いざという時の防除体制も整えておきました。

3. 成虫の大発生

(1) 大発生の概要

　島に上陸して葉山港から島に踏み出したとたんに、道路を埋め尽くすような集団行動する幼虫が目に入りました。また、道路沿いのススキ、チガヤ、ダンチク、リュウキュウチク、ビロウなどの葉に止まって摂食中の成虫が一斉に飛び出します。凄まじい羽音と、多くのバッタで周辺が薄暗くなる異様な光景の中を進むというありさまでした。

　島の中で成虫が多い場所は3カ所ありました。葉山のダンチクに囲まれた道路、島の中央にある岳ノ越下のススキの野原、下之岬手前のススキの野原です。下之岬手前では大集団のトノサマバッタ成虫による群飛飛翔行動が見られました。

(2) 大集団の群飛行動

　成虫の発生状況の特徴についてみていきたいと思います。下之岬手前のススキの原で、その草地にとどまり群飛しているバッタ集団の様子は次のようなものでした。

　バッタの大群の中の様子や、虫の数について調べるため、しばらくの間、群れの中に入って虫を観察しました。大集団の中では、跳び上がってはしばらく飛んでまた着地して止まり、飛び上がってしばらく風に向かって10秒くらい飛んでは着地して休むという行動を繰り返しています。この群れは移動しておらず、ほとんど同じ位置を飛んでは止まり、次の風が吹くと、また飛び上がっては休む、という行動を繰り返します。数百mの範囲のバッタ大集団の中で、集団からは離れずに飛び上がり、集団の中で上下左右に回っているようで、集団内からは飛び出さないで、まるで飛翔練習をしているようにも見えました。

　このバッタの群れの中に入ると、全身にバッタがぶつかってきて、顔はまともには前を向

けておれません。ここにバッタが何頭いるのだろうかと思いました。

　虫の密度を測る方法で、網を20回掬い取って、振って入る虫を計数する方法があります。群れの中で網を振りましたが10回も振らないうちに、採れたバッタで網が重くなってもうそれ以上振れなくなりました。それでも何地点かで掬い取りをしました（表4、5）。

表4　各地点における20回掬い取り成虫数（9月26日）

地点	牧場跡			下之岬海岸					
反復	1	2	平均	1	2	3	4	5	平均
成虫数	31	211	121.5	30	41	14	9	6	20.0

表5　群の中における20回掬い取り成虫数（10月5日、下之岬）

反復	1	2	3	4	平均
成虫数	152	129	279	601	290.3

　バッタが容赦なく体に当たってきます。一緒に行った桐谷さんや原さんも、トノサマバッタの群れの中でバッタがバシバシと顔や体にぶつかってくるという、まるで漫画の世界、夢のような体験を楽しんでいました。アフリカのサバクトビバッタの大群の中を歩いている写真を見る機会がありましたが、まさにその光景がトノサマバッタで実際に体験できたのです。漁師が船から島を見て雲がかかったようだった、という知らせは、このように群飛している光景だったのだろうと思われます。

　この時の群れのバッタは黒くて、背面がへこんでいる群生相のバッタに見えました。捕まえてみるとバッタは体も翅も柔らかく、メスをつぶしてもまだ羽化後間もない若い個体と思われました。この群れの中で飛んでいるバッタの中に、緑の完全に孤独相と思われる成虫もたまに混じっていました。その割合は調べていませんでしたが、おそらく数百〜数千分の一程度と思われました。黒い群れの中にいた緑のバッタが、黒いバッタと同じように飛んでいたと思われましたが、残念ながらこの二つの型の行動の差は確認できませんでした。

(3) 大発生にどう対処するか

　そこで、今後どんな方法で、このトノサマバッタの大発生に対処するか、いろいろの場合を想定して考え9月26日の調査の後、27日、西之表市役所に西之表市の榎本修市長を交えて関係者が集まりました。地元の西之表病害虫防除対策協議会が柱となり、西之表市役所、農協、中央病害虫防除所熊毛支庁、農業試験場で話し合い、今後協力して継続調査しながら、対策を検討することになりました。

　1. この大発生したトノサマバッタはサトウキビの大害虫である。
　2. 現在、馬毛島ではトノサマバッタの被害を受ける作物はない。
　3. 馬毛島で薬剤防除を行えば大変な労力と経費がかかり環境問題も起こる。
　4. そこで、もし種子島に飛来した時に備えて、種子島では防除体制を整える。
　5. 馬毛島における、バッタの生態・行動をよく調査・観察して対策を考える。
　6. 毎月、1−2回行動、生態調査観察を行い、馬毛島のトノサマバッタの状態を見守る。

このような内容で話し合いが持たれ、今後継続調査して対応することになりました。

4. 数千万頭の成虫の群飛移動行動

(1) 群れに何匹いるか（密度推定）

　トノサマバッタの大群に何匹ぐらいの成虫がいるのか、正確に推定するのは大変難しいことです。時と場所によって成虫の密度は違いますし、多い所には、1㎡当たり1000頭以上も密集しています。こんな場所で捕虫網を振ると、10回目ぐらいから重くなって振るのに苦労します。10回振りで600頭もとれました。草原でトノサマバッタを追っかけたことのある人なら、普通このバッタを1匹捕まえるにも苦労するということをご存じでしょう。群れが降り立った場所では100×200m平方の範囲に成虫が集まっています。1㎡当たり100頭以下のところもありますが、ざっと数千万頭の群れだと推定されました。

　これだけの数のバッタが、実数としていくらぐらいかを調べたくて群れが飛び立つ時や移動中、あるいは休息時に、目測や写真判定などいろいろの方法で個体数の推定を試みました（表6）。方法や状況によって推定値はかなりの幅をもった値となりました。

　いろいろな条件で成虫の密度を推定しましたが、10月初旬はまだ幼虫もいましたし、羽化途中、直後の成虫も島のあちこちにいたでしょう。計数した群れ以外にも群れからはずれた個体、小さな集団が多数ありましたので、馬毛島全体のトノサマバッタの数は1億頭というのはややオーバーで、3000万から5000万という数字が妥当かなと思います。

　1986年の9月24日、西之表市役所に、トノサマバッタの群飛を見たという漁民からの通報が、バッタと私たちの最初の接触でした。それから30回以上にわたって調査団が島を訪れています。この間の経過を9章に表17としてまとめました。これからの話もこの表を参考にしながら読んでいただくと分かりやすいかもしれません。

(2) 成虫群生個体群の9－11月行動観察

　私たちは、このトノサマバッタの大群の成虫の行動について、毎月1－3回馬毛島を訪れ、群れの行動、馬毛島の中で移動の実態について観察しました。

　9月から11月の、主な調査日ごとの幼虫、成虫の、分布、移動を地図に落としたものが図5～図10に示されます。群飛行動観察から主な動きを見ていきました。成虫は草原で、摂食、休息、飛び立ち、飛翔移動、夜間の休息を繰り返しながら、馬毛島の中を動きまわって生活していました。

　初めてバッタを調査した9月26日ごろの島全体の成虫の分布状況を地図に落としたものです（図5）。このころは、次々に羽化した成虫が小さな集団となり、集団の中で自由に飛びながら行動して、新しく羽化した成虫も群れに加わり集団の集合性が高まり、群れに次々に小

さな群れが吸収され、群れが次第に大きくなっていく過程という感じでした。

表6 成虫個体数の推定

成虫個体数の推定を、下記のような方法によって行ってみました。その数は1000万〜5000万頭と推定されました。

(1) 10月4日／牧場跡地から群が飛び立つ時
　　ススキ、チガヤの荒地1km×1kmの範囲から飛び立った個体数。
　　1m²当たり30-50頭の密度。
　　1000m×1000m＝1000000m²＝100万m²
　　■3000万頭〜5000万頭

(2) 10月4日／牧場跡から飛び立ち、高坊の方へ群飛中個体数
　　群飛の幅100m-200m、長さ1.5km以上（一部止まった群あり）。
　　群飛の高さ3m-15mの範囲。
　　150m×12m×1500m＝2700000m³＝270万m³
　　1m³当たり5〜10頭
　　■1550万〜2700万頭

(3) 10月5日／下之岬の海岸で休息した時の個体数
　　群の休息した面積　250m×250m＝62500m²
　　1m²当たり多い所　1500頭
　　　　　　　少ない所　　50頭
　　1m²当たり　200頭〜500頭として
　　　　　　　200頭×62500＝1250万頭
　　　　　　　500頭×62500＝3125万頭
　　■1250万〜3125万頭

(4) 10月4日／牧場跡地から飛び出す時の写真から推定
　　1枚の写真に最高時も4000頭。撮影間隔は2秒。1分間に30枚。
　　飛び立ち開始から終了までの時間90分以上。
　　群の幅は写真の画面の5倍以上。
　　バッタがカメラの視野を通過するのに2秒かかるとすれば、
　　4000頭×30枚×90分×5＝5400万頭
　　■5400万頭

以上の計算は、群生個体だけの推定値であり、その他の地点にバラバラでいる虫を含めると更に多くなると考えられます。

私たちが9月から11月にかけて観察した馬毛島におけるトノサマバッタ成虫の一日の行動は主に飛翔、移動の面から、次のようにまとめることができます。

馬毛島のバッタの群れは10月から一つの大きなものが見られました（図6）。私たちが最初にこの島を訪れた時は、まだ群れは各地にいくつかに分かれて島内に分散しているようで

図5 成虫の分布(1986年 9月25-26日)

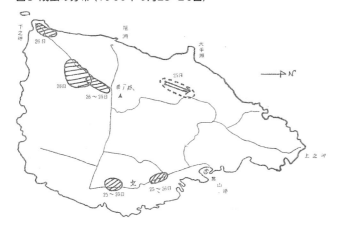

図6 成虫群の移動(10月4-5日)

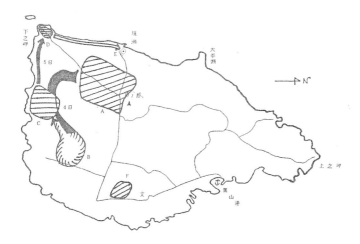

した。周辺で新しく羽化した成虫は、集合性が少しずつ高まり大きな群れを形成するようになってきたのでしょう。10月から11月にかけて、主に一つの大きな群れを中心にして島内を飛び回っていたのです。

10月から11月の間、日ごとに6回の記録を、日ごとに観察記録した結果が、次のようになりました。

10月4-5日

10月4-5日の群れ行動は図6に示します。

4日は、昼過ぎ、まずヘリコプターから群れの移動を見ることになりました。新聞社がヘリコプターで取材に来ていたので、これまでの経過を説明して群れを刺激しないようにお願いしました。

同乗して指示してほしいということで、ヘリの上からバッタの群れを見ることになりました。バッタは群れて牧場跡のA地の草にバラバラに広く止まっていましたが、群れの一部の

バッタが飛び上がり始めると、群れのバッタは次々と飛び上がりついていき、帯状の集団になり移動します。A地点からB地点へ飛んでいるところをヘリで観察することができました。ヘリは50mくらいの高さを飛び、群れに影響がおよばないように群れから30～50mぐらい離れて飛びました。群れをB地点まで見ながらついて飛んでいき写真を撮りました。

　バッタは、大きく飛行コースを変更することなく、木や林に沿って20～30mの高さを飛んでいるようです。その後バッタは、B地点高坊の林の下草に次々に降りていきました。

　ヘリは、約10分の飛行で着陸しました。バッタも、まだ次々に着地を続けています。13：00ごろでした。

　私たちは、その後、2時間ほど他の地点を見て回りました。その間にバッタの群れは、B地点からC地点へ少し移動していました。その夜バッタの群れは、C地点で過ごしました。

　5日は、C地点から下ノ岬のD地点へ移動しており、一部は垣瀬のE地点まで飛んでいきました。が、そのあとは観察していません。

10月10－12日

　10月10－12日の群れ行動は図7で示されます。

図7　成虫群の移動（10月10－12日）

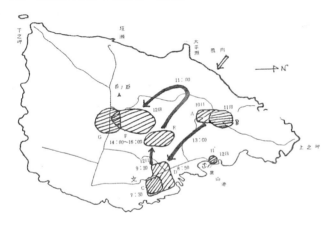

　10日は、葉山の中央A地点で、小雨の中、13：30に見られました。

　20℃で涼しく感じる気候でした。バッタは、時々翅をパタパタ動かすファニング行動をしていました。16：00－17：00は下之岬で、18：00頃は20℃で上之岬で一部の成虫が飛び上がって飛んでいるのが見られました。

　11日は、13：00頃から葉山Bを飛び上がり移動し始めました。その後の移動地点は分かりませんが、夕方になり葉山の学校近くのC、D地点付近で集団が見られ、ここで夜を過ごしました。

　12日、葉山のC地点で8：30頃見られ、8：50頃D地点にいましたが、9：20頃から人が近づくと飛び始めていました。その後、葉山と岳ノ越の間のE地点まで移動しているように見られましたが、葉山からE地点までどのようにして移動したか分かりませんでした。E地点にいた大きな群れは、11：00ごろから飛び始め、幅は250m、高さ20m足らずでまとまって

風上に向かって大平瀬の方向に飛んでいましたが、海岸の手前で左にまわって見失い、分からなくなりました。その後14：00から16：00の間にF地点に降りて、群れで餌を食べているのが見つかりました。その後少し移動してG地点でまとまった集団になっているところが見られ、ここで夜を過ごしました。

10月20－21日

10月20－21日は図8に示しました。

図8 成虫群の移動（10月20－21日）

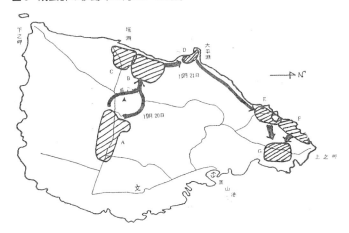

20日、11：00、バッタは岳ノ越と高坊のA地点にいましたが、11：40に飛び上がり風上の垣瀬の方向に向かって飛行を開始しました。岳ノ越では左右二つに分かれたコースを通り、垣瀬のハマヒサカキの群落が多い傾斜地に降りて一部は斜面海岸B地点まで飛んだと思われました。14：50－15：20に海岸まで行くと、一部の個体は海岸まで飛んでおり、海岸の岩場やがけに多数いました。その時の気温は、岩場の間は22℃と温度が高かったのですが、夕方19：00ごろは18℃になり、動きは収まり静かに止まっていました。B地点の群れは、C地点に少し移動して、多くの個体がC地点の傾斜地のハマヒサカキの深い下草にもぐって夜を過ごしました。

21日は、朝早く7：20ごろ現地に行きました。気温18℃で、虫は下草の中で休んで動きません。この日は、朝の行動の飛びたちの様子が、はじめから見られました。

飛びたちまでの行動は、7：35、朝日が昇ると日のさすところは20℃になり、下草から這い出して葉の表面に出てき始め、跳ぶ行動から少し飛ぶ行動も見られました。8：00、気温20℃になり10cm－10mくらい飛ぶ個体があります。その後、8：35、気温、21℃、でパタパタと羽を動かし行動を始め、5－50m飛ぶバッタがいます。8：45、気温22℃、になると10mほど飛ぶ個体が多くなります。9：00、気温23.5℃になり風が吹いてくると、多数飛び上がり始め、9：20、ハマヒサカキの下にいた虫が空中に引き込まれるように一斉に飛び上りました。斜面のバッタは500m×500mぐらいの範囲から次々に飛び出します。9：40頃まで次々に一斉に飛び上がり、一定方向に、移動を開始するようになります。海岸方向へ出てから北のD方向に飛んでいきます。斜面から跳び出し吹き上がったバッタは、地上30mを

幅100mぐらいで雲のようにD地点方向へ続いて流れるように飛んでいきました。10:30頃までにはほとんどの個体が飛び出して、あとには残った個体が少し見られる程度でした。

その後飛んでいった海岸を歩いたら、バッタがバラバラと多数見られたことから、移動途中で降りて残ったバッタもいることも分かりました。

この群れのバッタの主群は、その後E、F地点に飛んでいきました。D地点に行ってみると、海岸で餌がないためすぐに移動したのでしょう。11:35には、飛んでいったバッタはE、F地点に移動して、ススキやチガヤを食べていました。

午後に現地を見たらバッタはE、F地点では少なく、16:10、上之岬のG地点に多数見られました。その後、16:40、パタパタ行動（ファニング行動）が見られ、17:00（22℃）、時々2−10mぐらい飛んで餌の多いところへ集まって食べていました。18:10にはまだ動いていて、人が近づくと跳びはねていました。

G地点に、夜を迎えるために移動して集まったものと思われました。この移動の仕方は着地してから少し飛んだのか、跳んで移動したのか分かりませんでした。

11月4−5日

11月4−5日は、移動図、図9で示します。

図9　成虫群の移動（11月4−5日）

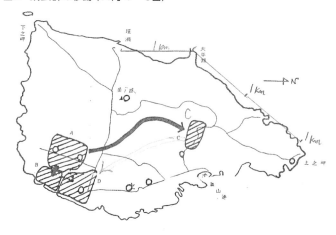

4日は14:00頃、岳ノ越の頂上付近（21.5℃）に群れがいました。その後、ひなた（19℃）で15:40頃から16:00頃までは群れていましたが、その後見ていません

5日は7:30頃、高坊のA地点とB地点に広がっていましたが、7:40（15℃）では動かず、8:16になって跳び始め、9:25、日が当たり16℃になり、9:44に19.2℃となって、一部は、飛び上がったりしました。10:00から12:00の間は日が当たったり日陰になったりを繰り返したため気温が上昇せず、時々20℃を超えたときだけ風に向かって飛び上がり、一部は飛び出す群れも見られました。12:00、一部がB地点から葉山のC地点に飛んでいきましたが、大部分はDに残っていました。14:30、D地点で多く見られましたが、Cに飛んだ一部の群れがその後D地点に帰ってきたのか、周りから集まったものか分かりませんでした。

この頃から群れの分散化が始まったものと思われました。

11月13日

　11月13日の移動は図10に示しました。バッタの群れは小さく分散し、10：00に塔の崎付近のA地点に小さな集団が見られました。集団は、12：00過ぎから14：00に上之岬B地点方向に飛びました。14：00には葉山のC地点でも見られ、15：00には高坊のD地点で小さくまとまった集団がいました。CとDの集団は移動したのではなく、そこに休んでいた集団と思われました。11月4－5日の群れに比べたら集団は小さくなっていましたが、全体のバッタの数はこの時点では減少しているのか分かりませんでした。

図10　成虫群の移動（11月13日）

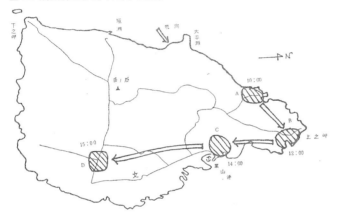

11月27－28日

　11月27－28日の移動は図11です。葉山の学校付近、高坊、岳ノ越の付近など島内を歩き回ったところ、どの地点でもバッタが見られました。15：10に岳ノ越の西側付近では、二つのまとまった集団が見られましたが、まとまっての飛翔らしい行動はありませんでした。その後16：10－16：50の観察で岳ノ越の頂上でまとまった集団がみられ、更に17：10には葉山でも集団が見られましたので別の集団と思われました。

図11　成虫群の移動（11月27－28日）

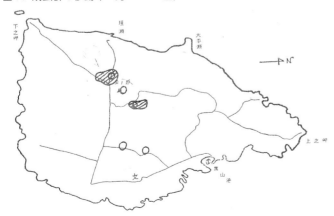

28日も前日と同じ状態で、9：00－10：00に葉山、製糖工場跡、上之岬でも集団が見られ、跳び上がるだけでした。17℃の岳ノ越北でも、跳ぶ行動だけは時々しましたが、飛翔行動は見られませんでした。
　この時点で、大群をなしていたほぼ一つの大集団は分散して、小さな集団で摂食しながら冬越し体制に入ったとみられました。
　馬毛島内には群れたバッタ以外にも、孤独相の緑色をしたトノサマバッタも少数ながら発見されます。時々はこれらの緑色の成虫も群れと一緒に移動しているのが観察されました。
　群生相のバッタの群れも、気温が20℃以下に下がると行動が鈍くなり、夜は簡単に捕まえられます。群飛はオスもメスも一緒に行動しています。

(3) 成虫の大群での飛翔行動の記録と、行動の一般性
　私たちが9月から11月にかけて観察したトノサマバッタの成虫の一日を、飛翔移動の面から見てみると、朝の活動開始から夕方の休止までを次のようにまとめることができます。

活動開始
　バッタの群れは、灌木の下草やチガヤやススキの草むらの中で茎や葉に止まって食べながら、群れて夜を過ごします。朝日が昇って気温が上昇するにつれて、活動が活発になってきます。
　10月から11月までの暖かい日は、8：00頃、約18℃からゴソゴソ動き始め活動が始まり、草むらの中で歩き、一部に跳び上がる行動が見られます。12月になり寒く（約18℃以下）なると、寒い日は一日中草の間でゴソゴソ動くだけです。

跳ぶ行動
　天気がよくて暖かい日には、8：00前の気温が20℃になると跳ぶ行動を見せ気温が20－22℃になると飛び立ち始めます。8：00－9：00頃には一斉に飛び立ち移動が始まります。

飛ぶ行動
　8：00－9：00頃に突然に飛び立ちが始まる様子は次のようです。
　下草に止まり陽光を受けていた一部の個体が飛び上がり、それとともに草むらやハマヒサカキの根元にもぐっていた成虫は表面に出てきて、次々と一斉に空中に吸い上げられるように飛び上がります。吸い上げられるタイミングはそよ風が吹いている時で、はじめは数メートルほど風に流されながら風に向かって定位します。毎秒4m程度の風なら風上に向かって飛びます。
　こうして風に向かったり、風をさけるように飛び上がったりしていますが、ついには周辺のすべての成虫が、次々と物にとりつかれたように一定方向についていき、帯状になって飛んでいきます。地上数メートルから20～30mの高さを、50mから150mくらいの幅で次から次へと草の中からも跳び出して、後を追うように飛んでいきます。

群れの移動
　飛び上がった群れは1km前後から数キロ、餌を求めて直接風を受けにくい林の横に沿って数分間から10分前後飛んだ後、餌のある所に降ります。このように島内を移動しながら生活をしているようです。着地し、摂食や休息をすると、また飛び立ち、餌を求めて飛翔します。

これを1日のうちに多いときは3－4回繰り返しているようです。群れの移動状況を図6～11の地図に示したように、群生相のバッタは島内の各地を群れでわたりあるいて生活しています。

(4) なぜ移動生活をするのか

　トノサマバッタは、なぜこのように群れを作り、移動生活をするのでしょうか。

　移動性を群れとして保つことによって、島内の未利用の食物も効率的に利用しているように思えます。外国での研究によれば、群れが簡単に分解しないのは、群生相の成虫には群飛中にも強い集合性が働くためであることが知られています。群れから離れた個体は、20mぐらいまでなら、群れに戻る行動を示すそうです。小さなグループとしてなら、主群から100mぐらい離れても戻るそうです。このような回帰性は、主に視覚と聴覚（羽音）によると考えられています。馬毛島みたいな狭い島では群れについていかなくても、小さな群れで摂食しながらいつでもある程度の餌はあるので、大きな群れについていなくても生きていけるように思われました。

　群れの飛行速度は、数分間で1km前後という程度で、そんなに速いものではありません。これまでにトノサマバッタについて調べられた報告では、1時間で1～25kmという数字がでています。時速十数kmと考えてほぼ間違いなさそうです。

　この大集団での移動観察の中で、多くの疑問点もありました。地上を飛び立ち、移動を始めるバッタの群れを何例か観察できました。地上の集団が移動を開始するのは、なぜでしょうか。集団維持のためか。飛ばなくてはならない習性があるのか。前提として、気温の上昇（約20℃）が成虫の行動に必要と思われます。飛び立った群れの先頭が何を目標に移動して着地するのか、群れのバッタは上空から下の景色を見ながら飛行して餌のある所を確認しているように思われました。

　群れの移動行動の中で、海岸から海面には飛び出ることなく陸地の方へ回り、海岸線に沿って飛んでいく様子が10月21日に見られました。海の水面を見て海の方へは飛び出さない行動をしていると感じられました。

　先頭集団はどうして着地の時を決めるのか、さらに着地してから数十m移動していることがありましたが、これが再び飛翔して移動したのか、跳びはねることにより移動したのか、歩行によるのか観察できませんでした。群れとしての移動について、着地の時の行動はほとんど観察できませんでした。

　このような大きな群れも、11月末頃になると主群も5～6群に分かれ、はぐれ群れが多く見られるようになりました。このような群れの小群化が進行すると越冬体制が進み、群生相の崩壊が起こるのではないかと思われます。

　越冬前に集団の大きさが小集団化する理由は、大集団で餌を食べながら冬を過ごせる条件の良い環境が少なくなることと、冬の寒さや風から身を守る大きな草原の餌場がなくなるためだと考えられます。

(5) 大発生したトノサマバッタで確認された天敵

こんなに多くのバッタが発生したのだから天敵も多数、多種類いると思い注意していました。目について確認できた天敵は、ハラビロカマキリ、オオカマキリとナガコガネグモでした。カマキリ類は10月から11月まで昼間にバッタを捕食しているところや、夜間もバッタの群れの中にいるのが何回も見られました。ナガコガネグモは島内各地で、ススキの間から高い所は1－2mのところに網を張り、網にかかったバッタがクモに捕食されているところが多く見られました。1個の巣に5－6頭かかっているのも見られました。このほかシオヤアブも見られましたが、直接バッタを捕獲したところは見ていません。冬になって、木の枝に突き刺してあるバッタを見かけましたが、これは鳥によるものと思われました。病気による死体は1987年5月になってはじめて見られました。

5. 群れとして行動する成虫の生理と生態

(1) 成虫を飼育して生理、生態を調査

　馬毛島のバッタの大発生個体群について、成虫の生理生態的、時期的な調査、越冬の方法、次世代の発生を予想する情報を知るため、群れ個体群から必要に応じて一部を採集して持ち帰り、飼育条件を変えて調査しました。

　9月の末にはじめて馬毛島でトノサマバッタの群れを見たとき、私たちの最初の疑問は、このバッタの群れが年内に産卵するのか、産卵せずに成虫で冬を越すのかということでした。9月26日にはじめてバッタの群れを見たときは、まだ幼虫もたくさんいました。群れの成虫を捕虫網からビニール袋に移すとき、数匹をこぶしの中に握ってもバッタのごわごわした感じがせず、群生相のバッタはこんなにも柔らかいのかと不思議に思いました。実は、まだどれも羽化したての若い成虫だったのです。もちろん、メスの卵巣は解剖してみても全く発育していませんでした。その後も10月、11月と調査のたびに卵巣を調べましたが、少しずつ発育してはいるのですが、卵粒がはっきりと区別できるほどにはなりません。産卵までまだ日にちがかかると思われたので、11月になってから飼育調査することにしました。飛びまわっている間は、とうとう12月まで卵巣は殆ど発育しませんでした。

　そこで、11月になってから群れの成虫を持ち帰り、いろいろな条件ごとに飼育して生理、生態の変化を解明しようと試みました。

性比と性成熟度

　10月5日から11月27日に5回、群れの虫を採集して、雄と雌の比率を調べました。調査の結果は、表7のように羽化はじめのころは♂がやや多かったのですが、その後はほぼ♂♀同様の比率でした。このことから、群れの中での♀と♂の発生及び死亡率は変わらないことが考えられました。

表7 トノサマバッタ群生個体群の調査日ごとの性比

月日	10月5日	10月12日	11月4日	11月13日	11月27日
雌	343	151	244	217	147
雄	459	133	235	256	146
合計	802	284	479	473	293
性比	42.77	53.17	50.94	45.88	50.17

飢餓耐性と摂食量、糞の数

　成虫は餌を食べてばかりいるようなので、餌を与えないでどのくらい生きていけるか、持ち帰った虫を網籠（50×50×h 70cm）で飼育して調べました。♂の寿命は3－7日で平均4.4日、♀は3－7日4.8日で、餌が摂れなければ♂♀とも4－5で死亡し、短命で死亡することが分かりました（表8）。

表8 成虫の飢餓に対する日数（10月21日から室内）

性	供試数	死虫数							平均
		1日	2日	3日	4日	5日	6日	7日	
♀	20	0	0	3	5	7	3	2	4.80日
	累積数			3	8	15	18	20	
♂	20	0	0	6	3	9	1	1	4.40日
	累積数			6	9	18	19	20	

　次に、給餌方法を変えて、えさ量の異なる区を作り生存日数を比較しました。1日おきに十分与えた区は、♀では22日で50%、最長82日の生存日数でした。それに対して、5日おきに与えた区の寿命では、10日までに96%が死亡、16日で全個体死亡という結果で、やはり十分な餌が必要であることが分かりました。

　摂食量を知る方法の一つとして糞の数で見ると、採集して3日目と30日目の成虫に餌を与えて、1日分の糞の数を数えたところ、3日目は♀♂は16.7個、30日目は11.2個となり、30日目の糞量は少なくなりました。♂だけの区はどちらも9.8と9.9個と、やや少なくなり糞量からみて30日後は、摂食量が減少したものと思われました（表9）。

表9 採集した成虫が死亡するまでの糞の数

期間	3日間	3日間	30日間	33日間
性	♀♂	♂	♀♂	♂
個体数	10	14	2	2
1日当たり糞の数	16.73	9.81	11.2	9.92

1対飼育と集合飼育による、性成熟、交尾、産卵、寿命

　我々が一番知りたいのは、越冬の仕方、卵巣の発育、産卵時期でした。そこで、雌雄を1頭ずつ入れて飼育する1対飼育と♀♂50頭ずつの集合飼育で、交尾、産卵時期を調べました。

　11月5日に採集した虫から、♀♂供一対にした30組を、径8cm×18cmの網籠で餌はス

スキを十分与えて産卵用に網筒の底に砂を5cmくらい入れて飼育する区と、集合で飼育する（♀♂50頭ずつ）区をつくり、農試の飼育室（室温22－27度、自然日長）で飼育して、交尾観察は毎日1回、産卵や死亡、他は1日おきに観察しました。

その結果一対区では、交尾は早いもので5日後から、殆どの組は28日後の12月3日から20日の間に見られました。産卵は26日後の12月1日から始まり、35日後に50％、その後、82日後まで見られました（表10）。生まれた卵（卵は卵鞘に囲まれた卵塊に産まれる）の1卵塊当たりの卵粒数は31－65個、平均49個でした。このように25℃で1対飼育すると、約2週間で産卵を始めるようになりました。寿命は♂は47日で50％が死亡し、♀は48日後までほとんどの個体が生存しました。

表10 群生個体群の虫から一対飼育と集合飼育した時の産卵生態

	交尾開始	産卵開始（期間）	50％産卵日	生存日数
一対飼育 30組	5～25	26日－82日	35日	82日
集合飼育 50組	不明	75日	なし	♂75日 ♀83日

集合飼育した区では、交尾は観察不可能でした。産卵はなかなか見られず、75日後にやっと産卵しましたが、殆ど寿命の尽きる頃でした。このことは成虫で越冬中だったため産卵がなかったのか、餌がまだ十分であったのかも分かりませんでした。

供試した成虫は、採取した11月5日より30日以上前に羽化したと考えられるので、羽化してから30日以上、さらに82日で、合計112日の寿命になります。♂より♀が長命で、集合飼育と個体飼育では、寿命に差は見られませんでした。

このような飼育条件では、越冬、交尾、産卵の時期、産卵数の確認はかなり困難ですし、餌の条件として成長したススキの葉だけを与えたので寿命を長くできない、何か養分が必要なのか、などと思われました。

ノリス（1952、1954）のサバクトビバッタの報告によれば、未成熟のメスを同時に羽化した未成熟のオスと対にした場合、産卵までに48日もかかったのに、未成熟のオスの代わりに成熟オスを入れると27日に短縮し、これを集合条件下に置くとさらに短縮して、22日目に産卵したというのです。したがって集合条件は性成熟を促進すると考えられています。

トノサマバッタでは、サバクトビバッタと集合性が逆の効果をもたらして、集合条件が成熟をおくらせているように見られ、対にすると交尾、産卵と成熟が進むようです。越冬前の成虫は休眠に入っているため、集合条件では卵巣の発育が止められ、対にすることにより性成熟したのではないかと考えられます。大変おもしろい事実のように思われます。

野外で越冬していた成虫は、この後の野外調査で3－4月交尾産卵して、4－5月まで生存したことが分かりました。馬毛島のこの世代のトノサマバッタは、前年の9月から8－9カ月くらい生存していたことになり、非常に長命であることになります。

6. 相変異

トノサマバッタの群生相には Locusta migratoria、孤独相には Locusta Danica という別々の学名が与えられ、別の種類になっていましたが、それほど両者は際だったちがいが見られました。

(1) 昆虫の相変異

相変異について要点だけを簡単に説明します。というのも、飛蝗と相変異とは1卵性双生児のような関係で、切りはなしては考えられない深い関わりをもっているからです。また、この章は桐谷さんと共著で書いた文献5から多くの部分を引用しています。

昆虫の幼虫を1頭ずつ飼育した場合と、2頭以上を一緒に飼った場合とで、幼虫や成虫の行動・体色・形態がちがってくる種類があります。このように生息密度に依存して起こる変異を相変異とよびます。一般的に、低い密度で飼った場合は無翅型（アブラムシ類）や短翅型（ウンカ類）の定住型が、逆に高い密度では有翅型や長翅型の移住型が現れます。トノサマバッタなどの飛蝗では、低密度では孤独相（phasesolitaria）が、高密度では群生相（phasegregaria）が生じます。孤独相のバッタを高密度で飼育すると、世代を重ねるごとに群生相的な特徴がはっきりと出現するようになります。したがって、孤独相から群生相への（あるいは、またその逆の）途中段階を、転移相（phasetransiens）ともいいます。ただし、孤独相から群生相への変化の方がその逆よりも、より容易に起こります。

以上のバッタの相変異説を提唱したのは、英国のバッタ対策研究センター（Anti – Locust Re – Searchcenter）の初代所長をしていたロシア生まれの昆虫学者、B.P. ウバロフ博士です。彼が1921年に相変異説を提唱するまでは、トノサマバッタの群生相には Locusta Migratoria、孤独相には Locusta Danica という別々の学名が与えられ、別の種類になっていました。それほど両者は際だったちがいを示しているのです。ところが調べれば調べるほど、両者のちがいは連続的な変異としてつながってしまったのです。両者は実は、同じ種類が生息密度に応じて示す変異の両極端にすぎない、ということがウバロフによって明らかにされ、長年の謎もとけたのでした。

世界には、いわゆる飛蝗となる性質をもつバッタが少なくとも20種はいます。なかでも最も分布が広く、アメリカ大陸をのぞく北緯60度から南緯45度の旧世界に生息しているのがトノサマバッタです。そのためトノサマバッタには少なくとも8亜種が分類学的に区別されています。このうち日本に分布する種類は Locusta migratoria L.manilensis という亜種で、日本以外では中国東部から南部・フィリピン・セレベス・ボルネオ・マレーシアなどに分布しています。アフリカに生息している亜種は L.migratoria migratorides で、アフリカワタリバッタとよばれています。食草の範囲も広いようで、馬毛島ではビロウ（ヤシ科）にも成虫が鈴なりになって葉を食べていました。しかしこれまでの研究では、孵化してから成虫にな

るまでちゃんと成育できる食草は、イネ科とカヤツリグサ科に限られるようです。馬毛島でも、これらの科に属するススキ、チガヤ、ダンチク、リュウキュウチク、コゴメスゲ、カゼクサ、チカラシバ、ハイキビなどが観察された主な食草でした。大発生した場合、その昆虫が普通は食べないような種類の植物を食べることがよくあります。幼虫から成虫までビロウの葉を食べていた例は、そのような特殊な事例かもしれませんが、硬い葉がよく食べられていました。

(2) 群生相と孤独相のちがい

　トノサマバッタの孤独相と群生相を比較すると、行動や体色だけでなく、いろいろな点でちがっています。表11にそれをまとめました。

表11　相変異の孤独相と群生相の各性質、特徴の比較

性質、特徴	孤独相	群生相
生息密度と集合性	低く、小さい	高く、大きい
卵・孵化幼虫の体重、大きさ	軽く、小さい	重く、大きい
幼虫の体色	明るい	黒い
幼虫の発育速度	遅い	速い
幼虫の呼吸率、活動性	低い	高い
成虫の体長、体重	大きい、重い	小さい、軽い
成虫の活動性	小さい	大きい
卵巣成熟速度	速い	遅い
産卵数(卵巣小管数、卵数／卵鞘、卵鞘数／雌)	多い	少ない
前翅長(E)／後脚腿節長(F)	小さい	大きい
後脚腿節長(F)／頭の最大幅(C)	大きい	小さい
前胸背の盛り上り度合	盛り上がる	凹む
飛翔能力	小さい	大きい

　成虫の体色のちがいや前胸背のへこみ度合は、写真のページで見くらべてみてください。このような変化が生息密度のちがいによって起こるわけですが、生息密度のちがいを、バッタは何によって感じているのでしょうか。これまでの研究では、視覚と触覚と嗅覚（フェロモン）が関係しているようです。このフェロモンは幼虫の糞に特に多く、すでに同定されてロカストールという名がその化合物につけられています。この物質の空気中濃度が高くなると、そこで育ったトノサマバッタの成虫は頭幅・複眼が大きく、前翅が長く、後脚腿節が短い、いわゆる群生相のバッタになります。馬毛島で幼虫集団が見られた路面は、幼虫の緑色の糞でおおわれていました。その状況を想像してくだされば糞から発せられるフェロモンの効果も容易に了解していただけることと思います。

　孤独相から群生相への変化は、高密度で飼育すればすぐさま起こるというわけではありません。トノサマバッタによる実験でも、典型的な群生相への移行には少なくとも3世代つづけて高密度条件で飼育する必要があります。このことからも分かるように、密度効果は世代を通じて累積するのです。また高密度による群生相への変化は、いっせいにどの形質についても起こるわけではありません。まず集合性など、行動の変化が最初に起こり、ついで色彩が変化し、最後に翅や腿節の長さあるいは前胸背部のへこみなど、形態的な変化が生じるの

表7 トノサマバッタ群生個体群の調査日ごとの性比

月日	10月5日	10月12日	11月4日	11月13日	11月27日
雌	343	151	244	217	147
雄	459	133	235	256	146
合計	802	284	479	473	293
性比	42.77	53.17	50.94	45.88	50.17

飢餓耐性と摂食量、糞の数

成虫は餌を食べてばかりいるようなので、餌を与えないでどのくらい生きていけるか、持ち帰った虫を網籠(50×50×h 70cm)で飼育して調べました。♂の寿命は3－7日で平均4.4日、♀は3－7日4.8日で、餌が摂れなければ♂♀とも4－5日で死亡し、短命で死亡することが分かりました（表8）。

表8 成虫の飢餓に対する日数（10月21日から室内）

性	供試数	死虫数							平均
		1日	2日	3日	4日	5日	6日	7日	
♀	20	0	0	3	5	7	3	2	4.80日
	累積数			3	8	15	18	20	
♂	20	0	0	6	3	9	1	1	4.40日
	累積数			6	9	18	19	20	

次に、給餌方法を変えて、えさ量の異なる区を作り生存日数を比較しました。1日おきに十分与えた区は、♀では22日で50%、最長82日の生存日数でした。それに対して、5日おきに与えた区の寿命では、10日までに96%が死亡、16日で全個体死亡という結果で、やはり十分な餌が必要であることが分かりました。

摂食量を知る方法の一つとして糞の数で見ると、採集して3日目と30日目の成虫に餌を与えて、1日分の糞の数を数えたところ、3日目は♀♂は16.7個、30日目は11.2個となり、30日目の糞量は少なくなりました。♂だけの区はどちらも9.8と9.9個と、やや少なくなり糞量からみて30日後は、摂食量が減少したものと思われました（表9）。

表9 採集した成虫が死亡するまでの糞の数

期間	3日間	3日間	30日間	33日間
性	♀♂	♂	♀♂	♂
個体数	10	14	2	2
1日当たり糞の数	16.73	9.81	11.2	9.92

1対飼育と集合飼育による、性成熟、交尾、産卵、寿命

我々が一番知りたいのは、越冬の仕方、卵巣の発育、産卵時期でした。そこで、雌雄を1頭ずつ入れて飼育する1対飼育と♂♀50頭ずつの集合飼育で、交尾、産卵時期を調べました。11月5日に採集した虫から、♀♂供一対にした30組を、径8cm×18cmの網籠で餌はス

スキを十分与えて産卵用に網筒の底に砂を5cmくらい入れて飼育する区と、集合で飼育する（♀♂50頭ずつ）区をつくり、農試の飼育室（室温22－27度、自然日長）で飼育して、交尾観察は毎日1回、産卵や死亡、他は1日おきに観察しました。

その結果一対区では、交尾は早いもので5日後から、殆どの組は28日後の12月3日から20日の間に見られました。産卵は26日後の12月1日から始まり、35日後に50％、その後、82日後まで見られました（表10）。生まれた卵（卵は卵鞘に囲まれた卵塊に産まれる）の1卵塊当たりの卵粒数は31－65個、平均49個でした。このように25℃で1対飼育すると、約2週間で産卵を始めるようになりました。寿命は♂は47日で50％が死亡し、♀は48日後までほとんどの個体が生存しました。

表10　群生個体群の虫から一対飼育と集合飼育した時の産卵生態

	交尾開始	産卵開始（期間）	50％産卵日	生存日数
一対飼育 30組	5～25	26日－82日	35日	82日
集合飼育 50組	不明	75日	なし	♂75日 ♀83日

集合飼育した区では、交尾は観察不可能でした。産卵はなかなか見られず、75日後にやっと産卵しましたが、殆ど寿命の尽きる頃でした。このことは成虫で越冬中だったため産卵がなかったのか、餌がまだ十分であったのかも分かりませんでした。

供試した成虫は、採取した11月5日より30日以上前に羽化したと考えられるので、羽化してから30日以上、さらに82日で、合計112日の寿命になります。♂より♀が長命で、集合飼育と個体飼育では、寿命に差は見られませんでした。

このような飼育条件では、越冬、交尾、産卵の時期、産卵数の確認はかなり困難ですし、餌の条件として成長したススキの葉だけを与えたので寿命を長くできない、何か養分が必要なのか、などと思われました。

ノリス（1952、1954）のサバクトビバッタの報告によれば、未成熟のメスを同時に羽化した未成熟のオスと対にした場合、産卵までに48日もかかったのに、未成熟のオスの代わりに成熟オスを入れると27日に短縮し、これを集合条件下に置くとさらに短縮して、22日目に産卵したというのです。したがって集合条件は性成熟を促進すると考えられています。

トノサマバッタでは、サバクトビバッタと集合性が逆の効果をもたらして、集合条件が成熟をおくらせているように見られ、対にすると交尾、産卵と成熟が進むようです。越冬前の成虫は休眠に入っているため、集合条件では卵巣の発育が止められ、対にすることにより性成熟したのではないかと考えられます。大変おもしろい事実のように思われます。

野外で越冬していた成虫は、この後の野外調査で3－4月交尾産卵して、4－5月まで生存したことが分かりました。馬毛島のこの世代のトノサマバッタは、前年の9月から8－9カ月くらい生存していたことになり、非常に長命であることになります。

6. 相変異

　トノサマバッタの群生相には Locusta migratoria、孤独相には Locusta Danica という別々の学名が与えられ、別の種類になっていましたが、それほど両者は際だったちがいが見られました。

(1) 昆虫の相変異

　相変異について要点だけを簡単に説明します。というのも、飛蝗と相変異とは1卵性双生児のような関係で、切りはなしては考えられない深い関わりをもっているからです。また、この章は桐谷さんと共著で書いた文献5から多くの部分を引用しています。

　昆虫の幼虫を1頭ずつ飼育した場合と、2頭以上を一緒に飼った場合とで、幼虫や成虫の行動・体色・形態がちがってくる種類があります。このように生息密度に依存して起こる変異を相変異とよびます。一般的に、低い密度で飼った場合は無翅型（アブラムシ類）や短翅型（ウンカ類）の定住型が、逆に高い密度では有翅型や長翅型の移住型が現れます。トノサマバッタなどの飛蝗では、低密度では孤独相（phasesolitaria）が、高密度では群生相（phasegregaria）が生じます。孤独相のバッタを高密度で飼育すると、世代を重ねるごとに群生相的な特徴がはっきりと出現するようになります。したがって、孤独相から群生相への（あるいは、またその逆の）途中段階を、転移相（phasetransiens）ともいいます。ただし、孤独相から群生相への変化の方がその逆よりも、より容易に起こります。

　以上のバッタの相変異説を提唱したのは、英国のバッタ対策研究センター（Anti‐Locust Re‐Searchcenter）の初代所長をしていたロシア生まれの昆虫学者、B.P.ウバロフ博士です。彼が1921年に相変異説を提唱するまでは、トノサマバッタの群生相には Locusta Migratoria、孤独相には Locusta Danica という別々の学名が与えられ、別の種類になっていました。それほど両者は際だったちがいを示しているのです。ところが調べれば調べるほど、両者のちがいは連続的な変異としてつながってしまったのです。両者は実は、同じ種類が生息密度に応じて示す変異の両極端にすぎない、ということがウバロフによって明らかにされ、長年の謎もとけたのでした。

　世界には、いわゆる飛蝗となる性質をもつバッタが少なくとも20種はいます。なかでも最も分布が広く、アメリカ大陸をのぞく北緯60度から南緯45度の旧世界に生息しているのがトノサマバッタです。そのためトノサマバッタには少なくとも8亜種が分類学的に区別されています。このうち日本に分布する種類は Locusta migratoria L.manilensis という亜種で、日本以外では中国東部から南部・フィリピン・セレベス・ボルネオ・マレーシアなどに分布しています。アフリカに生息している亜種は L.migratoria migratorides で、アフリカワタリバッタとよばれています。食草の範囲も広いようで、馬毛島ではビロウ（ヤシ科）にも成虫が鈴なりになって葉を食べていました。しかしこれまでの研究では、孵化してから成虫にな

るまでちゃんと成育できる食草は、イネ科とカヤツリグサ科に限られるようです。馬毛島でも、これらの科に属するススキ、チガヤ、ダンチク、リュウキュウチク、コゴメスゲ、カゼクサ、チカラシバ、ハイキビなどが観察された主な食草でした。大発生した場合、その昆虫が普通は食べないような種類の植物を食べることがよくあります。幼虫から成虫までビロウの葉を食べていた例は、そのような特殊な事例かもしれませんが、硬い葉がよく食べられていました。

(2) 群生相と孤独相のちがい

トノサマバッタの孤独相と群生相を比較すると、行動や体色だけでなく、いろいろな点でちがっています。表11にそれをまとめました。

表11 相変異の孤独相と群生相の各性質、特徴の比較

性質、特徴	孤独相	群生相
生息密度と集合性	低く、小さい	高く、大きい
卵・孵化幼虫の体重、大きさ	軽く、小さい	重く、大きい
幼虫の体色	明るい	黒い
幼虫の発育速度	遅い	速い
幼虫の呼吸率、活動性	低い	高い
成虫の体長、体重	大きい、重い	小さい、軽い
成虫の活動性	小さい	大きい
卵巣成熟速度	速い	遅い
産卵数(卵巣小管数、卵数／卵鞘、卵鞘数／雌)	多い	少ない
前翅長(E)／後脚腿節長(F)	小さい	大きい
後脚腿節長(F)／頭の最大幅(C)	大きい	小さい
前胸背の盛り上がり度合	盛り上がる	凹む
飛翔能力	小さい	大きい

成虫の体色のちがいや前胸背のへこみ度合は、写真のページで見くらべてみてください。このような変化が生息密度のちがいによって起こるわけですが、生息密度のちがいを、バッタは何によって感じているのでしょうか。これまでの研究では、視覚と触覚と嗅覚（フェロモン）が関係しているようです。このフェロモンは幼虫の糞に特に多く、すでに同定されてロカストールという名がその化合物につけられています。この物質の空気中濃度が高くなると、そこで育ったトノサマバッタの成虫は頭幅・複眼が大きく、前翅が長く、後脚腿節が短い、いわゆる群生相のバッタになります。馬毛島で幼虫集団が見られた路面は、幼虫の緑色の糞でおおわれていました。その状況を想像してくだされば糞から発せられるフェロモンの効果も容易に了解していただけることと思います。

孤独相から群生相への変化は、高密度で飼育すればすぐさま起こるというわけではありません。トノサマバッタによる実験でも、典型的な群生相への移行には少なくとも3世代つづけて高密度条件で飼育する必要があります。このことからも分かるように、密度効果は世代を通じて累積するのです。また高密度による群生相への変化は、いっせいにどの形質についても起こるわけではありません。まず集合性など、行動の変化が最初に起こり、ついで色彩が変化し、最後に翅や腿節の長さあるいは前胸背部のへこみなど、形態的な変化が生じるの

です。また、群生相への変化の難易が遺伝的にも決まっているらしく、同じ高密度条件で飼育しても親がちがえばかなり結果がちがってきます。さらに同じ親からの卵でも、親の産卵日令によってちがいます。相変異は現象的にはかなり分かってきているのですが、その生理学的機構となると、今後の研究に待つところが多いのです。

田中誠二さんのサバクトビバッタの研究で多色、多型の仕組み、群生相の形態や行動に、ホルモン、フェロモン、コラゾニンによる制御の研究が始められました。サトウキビの大害虫でもあるトノサマバッタを材料に、日本でもさらに研究が進められる必要があると思われます。

(3) 馬毛島のバッタの群生相の程度

馬毛島のバッタを生きたまま筑波の農業環境技術研究所に送って、馬毛島の向かいの種子島で採集した孤独相の個体と、形態や飛翔力の比較を行いました。この調査は同研究所昆虫管理課の野田隆志・森本信生の二人の研究者にお願いしました。

まずバッタを横から見て、前胸背部のへこみ具合を見てみました。種子島の個体はわずか5匹ですが、前胸背はみな上方に盛り上がっています。馬毛島の30個体のうち凸型は2匹だけで、残りのほとんどの個体ではへこんでいました。ただ数匹だけは両者の中間で、平らになっていました。体色も種子島は緑色、馬毛島は黒色に近いというちがいがありました。

次に、ノギスで前翅長（E）、後脚腿節長（F）、頭幅（C）を測りました。ここではE／F比の値を中心に馬毛島のバッタの群生相度を測ってみたいと思います。

日本のトノサマバッタは田中寛（1983）による飼育実験の研究がありますので、これを中心に他の産地のバッタと比べてみましょう。

図12には、1982年に田中寛氏が飼育密度を1・2・5頭にかえて行った二つのシリーズの実験値を全部書きこみました。さらに南大東島で1971～1973年に、北大東島で1974年にトノサマバッタが大発生した時の測定値（伊藤・山岸、1976）をつけ加えました。E／F比の値が大きいほど群生相に近くなります。

田中寛氏の報告（文献15）では、5頭の集合飼育区の幼虫や成虫は、明らかに群生相に特有な行動や生理的性質を示します。それでも図12で見ると、形質的には孤独相と群生相の中間の転移相と判断されます。先にも述べたように、群生相的形質は1世代の高密度で実現するわけではなく、2～3世代その環境が維持されることが必要です。田中寛氏の報告はすべて1世代だけの飼育結果ですから、密度効果のいちばん現れにくい形態的形質については、このような値にとどまったものと思われます。

南大東島の測定値は、1972年から1974年までのものです。大発生が1971年の秋から始まったにもかかわらず、1972年のE／F比は孤独相と変わりません。群生相の値が1973年から見られることは、密度の累積効果から説明することができます。一方、北大東島の1974年の測定値は非常に大きい値を示し、群生相であったことを示しています。

馬毛島の群生個体群トノサマバッタを用いて、田中寛氏の実験と同じような飼育条件(30℃、16Ｌ、8Ｄ)、イタリアンライグラスを餌として、飼育密度1・2・5頭と、約100頭の区で、飼育容器は虫の大きさによりプラスチックカップから円筒網と飼育条件を変えて使用し、主

図12 日本産トノサマバッタのE/F値（前翅長/後脚腿節長）の比較

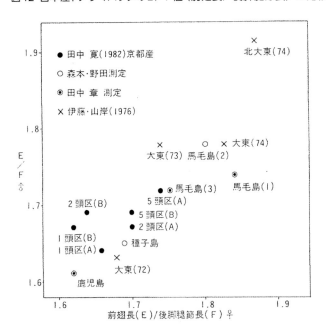

に形態の変化を見ました。飼育は、1987年3月の馬毛島の群生虫から採卵した系統を使用しました。

　これは鹿児島大学の学生であった平田昭夫君と行ったものですが、バッタは餌を大量に食べるためバッタの飼育は大変なことでした。多くの調査をしましたが、その形態についての結果の概要を紹介したいと思います。

　馬毛島で群れをなしていたトノサマバッタは、次の世代で密度を変えて飼育すると、前翅長（E）、後脚腿節長（F）は♀では高密度で少し小さくなり、頭幅（C）は♀では小さくなり♂では大きくなりました。E/F値で見ると、5頭区でも孤独相に近い値に戻りました。100頭飼育ではE/F、F/Cとも群生相近くまで戻りましたが、2世代飼育しても、まだ群生相の数値にはなりませんでした。

　このように、馬毛島の群生個体群は、まだ完全な群生相ではなく、個体飼育すると次世代で孤独相に戻り、集合飼育しても群生個体群にはならないことが分かり、相変異を起こすには数世代経過することが必要であると思われました。

　北大東島の個体はE/F比では馬毛島のものとはかけはなれた大きな値を示しています。しかし、群生相と孤独相を区別する別の有効な形質であるF/C比の値で比較すると、①馬毛島と北大東島、②南大東島1973・74年、③京都産の5頭区、④京都産の1頭区・種子島・鹿児島・南大東島の1972年のグループに分けられ、④から①にかけて群生相の形質が強まっています。E/F値では北大東島（図12）の測定値がずば抜けて群生相的でしたが、F/C値では馬毛島の方が群生相的でした。以上のように馬毛島のバッタは転移相から群生相とみなしてよさそうです。

　大東島で大発生したときのトノサマバッタは、その形態的特徴からまだ群生相に達してい

図13 トノサマバッタの亜種（6種）における孤独相（白）と群生相（黒）の
E／F比（前翅長／後脚腿節長）（ウバロフ，1966より作成）

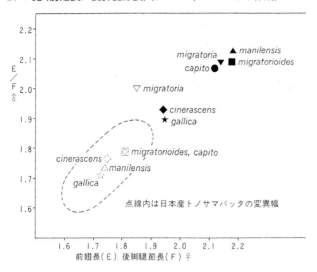

ない転移相にあたると伊藤・山岸（1976）の両氏は結論しています。それは日本と同じ亜種に属するフイリピンのトノサマバッタが大発生した時の測定値を基準にして判断したものです。図13の、E／F値が一番大きい manilensis の値（▲）がそれです。この図は、ウバロフ（1966）が集めたトノサマバッタの主な亜種についての、群生相と孤独相のE／F値の比較です。楕円で囲んだ部分は日本での測定値の範囲です。ウバロフの資料によれば、群生相のE／F値はオスもメスも少なくとも1.9以上です。しかし、孤独相のE／F値も1.7～1.9の範囲にあり、これは馬毛島や南大東島で大発生したバッタで見られる値です。日本本土の測定値は鹿児島の値だけですが、日本産のトノサマバッタの孤独相のE／F値は他の産地のものにくらべて非常に小さいのかもしれません。そのため群生相のE／F値も、これまでの他の亜種やフイリピンなどでの測定値にくらべて小さい可能性があります。私たちは、馬毛島のトノサマバッタは大東島の個体群もふくめ、群生相である可能性も高いと考えています。

(4) 飛ぶ能力の比較

　孤独相と群生相のトノサマバッタの飛翔能力を室内（27℃）で、宙吊り飛行によって比較しました。実験は形態測定と同じく野田・森本両氏にやってもらいました。孤独相は種子島産、群生相は馬毛島産です。

　農業環境技術研究所には回転弥次郎兵衛のような恰好をしたフライトミルが何台もあり、多数の昆虫をいちどに宙吊りにしてフライトミルの回転数を自動記録することによって、飛行時間や速度を測ることができます。フライトミルにバッタを固定して飛ばしてみると、ちょっと飛んですぐ飛翔行動をやめます。それでやむなく固定式の宙吊り法にかえました。針金の先にバッタの背部を接着剤でくっつけ、正面から風を送ると飛び始めました。この方法だとバッタは飛びつづけます。回転式の宙吊り法では目のよく見えるバッタは飛ぶ意欲を失うのではないかという結論になったようでした。

馬毛島と種子島はわずか11kmしか離れていませんので、馬毛島で大発生したバッタが種子島に飛んで主幹作物のサトウキビを食い荒らしはしないかというのが、種子島の農民たちの最大の関心事です。私たちの観察では、海岸の草むらから追い出されてワッと飛び立ったバッタの群れも、海の上にでると陸地の方に戻ってきます。これも地面を見ながらバッタが飛んでいる証拠といえそうです。

　さて宙吊り飛行の結果ですが、種子島産の個体は1～2分しか飛びませんが、馬毛島の個体は平均でも4分、最高は15分間飛びつづける個体もありました。馬毛島の成虫の群れが数分飛んで着地している状況がうなずけるような実験結果でした。

(5) 前胸背板のへこみ程度

　もう一つの群生相と孤独相の違いを見分ける特徴は、前胸背板のへこみが見られることです。野原でよく見かけるバッタは、バッタを横から見たとき背中（前胸背板）が山なりに飛び出しています。群生相になったバッタはへこんでいます。これは、群生相のバッタは飛ぶための翅の筋肉が発達して、そのため背板がへこむと言われています。

　そこで、馬毛島の10月5日採集の群生個体群のへこみ具合を投影機で測定しました。♀♂各30個体を測定し、H／Pのへこみ程度で表した分布を表12に示しました。♀1個体だけはプラスの大きな数字が出ましたが孤独相と思われます。4個体はやや飛び出ますが残りの55個体はへこんだ個体で、群生相に近い個体群だと思われます。群生飛翔している中にも孤独相がいることが群飛行動の観察でも気が付きましたが、形態的にもそのことが分かりました。

表12 前胸背板のへこみ程度　H/P（10月 5日採集）

	0.07	0.06	0.05	0.04	0.03	0.02	0.01	0	0.01	0.02	0.03	0.04	0.05	0.06
30♀	1			2		1		2	2	4	6	9	2	1
30♂					1			5	1	8	6	6	2	1
計	1			2	1	1		7	3	12	12	15	4	2

(6) ファニング（翅をパタパタ動かす行動）

　10月中旬から11月に見られた行動でした。この日11月4日は昼間でもやや涼しく、草むらに置いた温度計も20℃前後にしか上がらず、昼すぎに雨が降り出しました。すると、ススキやチガヤに止まっていた成虫が、前翅を体軸に直角に立て、後翅を前翅にあわせてパタパタと動かす行動が見られました。これはファニング（fanning）といわれるもので、体温を上げるために行っていると言われています。ファニングは数十秒つづけたのちやめます。このパタパタ動かす行動は群生相のみに見られる特徴的行動と言われています。

　私たちが近づくとピタリとやめて、飛んで逃げだす個体もいます。ススキやチガヤに止まった成虫が多数一面に並んでこの行動をすると優しくきれいな感じです。11月4日は集団で顕著な行動が見られ、夜間に電灯で光をあてた時にも同じような行動が見られました。11月下旬まで気温が低くなると見られましたが、人が近づいた時もこの行動が見られることから、

体温を上げるためだけでなく他にも何か意味がありそうです。

7. 秋から冬のバッタの行動と越冬調査

(1) 馬毛島から飛び出さないか

　秋から冬、11月から4月の間の馬毛島のバッタの行動を見てみます。群れは島内の徘徊飛行、ないしは巡回飛行を行いながら、群れとして集団で休息、短距離移動、摂食をくりかえしているようです。やがてメスの卵巣成熟が進めば、群れの移動性よりも定住的傾向が強くなるのではないかと思われます。冬の低温のため春まで防除を必要とするような群れの種子島への飛来はないでしょう。一方、冬になっても再び群飛が見られた場合、季節風などによる長距離移動飛行に群れ全体が移行する可能性もゼロではありませんでした。

　春以降については、確実な予測は何もできません。集合性が一度獲得されるとなかなか消失しないので、防除などのいろいろの原因で個体数が激減しない限り、群生相が維持される可能性が大きいと思われました。

　11月から12月にかけて、成虫の分布は島内の中央寄りに少数集団で多くの地点に分散していきました。

　この間も、種子島の農家は天気の良い日には間近に見える馬毛島のバッタの群れの動きを、かたずをのんで見守っています。先に述べたバッタの習性や、冬季に気温が下がることなどを考えると、群れが種子島まで飛来する可能性は少ないと思われます。それでもバッタの群れが馬毛島の食草を食いつくした時が危いのではないかとか、秋から冬にかけての風向きは馬毛島から種子島に向かっている風が多いので、上昇気流にのって海面や陸地からの視覚刺激が届かない高さまで飛行高度が上がれば、あとは風にのって種子島に来るのではないかとか、不安材料は尽きません。

　1930年代にフイリピンのミンダナオ島南西部で日本に分布するトノサマバッタと同じ亜種のバッタが大発生した時は、7年間にわたり世代を重ねて1500km北上し、ルソン島に達し、その一部は台湾にまで飛来したという記録があります。ですから、島の間11kmという距離はこのバッタにとっては大きな障壁とはならないはずです。

　トノサマバッタが種子島に飛んでいくのではないかという種子島の住民の心配から、馬毛島調査のとき、バッタの止まる反応や飛翔力に関する多くの試験をしました。その一つは、1986年10月20日、バッタが多数飛んだり止まったりする草原で農業用マルチ資材の黒と銀色2m×4mを道路の上に張ったのです。成虫が止まるかどうか、反応を見ましたがマルチ資材が小さかったこともあり反応は見られませんでした、次にバッタが飛翔しているとき海の方に行くか観察しましたが、海の上に出てもすぐに陸地の方に方向転換して戻ることが観察されました。

もう一つは、1986年11月5日、馬毛島から西之表へ向かう帰りの漁船の船上から、群れから採集した約1000頭を放し、その後の飛翔行動を見ました。バッタは弱っていたためか、900頭ぐらいはそのまま海上に落下、浮いていました。100頭くらいは10－50mくらい飛翔して海上に落下しました。一部飛んでいた個体は約5分間、船と並行しで飛びました。

　翌6日午前中、西之表市の西端にある澄泊（あまどまり）の海岸に約50頭が打ち上げられて4－5頭は生きていましたが、翌日死亡、残った1頭は1週間生存して死亡しました。このことから、この段階のバッタは、自力飛翔による十数キロメートルの移動は困難ではないかと思われました。

(2) ついに馬毛島から種子島へ飛来

　ところが、12月10日、種子島の東海岸地帯で馬毛島から飛来したものと一目で分かる群生相の成虫が多数発見される事件が起こりました。種子島駐在の鹿児島県中央病害虫防除所の永島田さんが、正午過ぎに馬毛島の東側にあたる種子島の国道58号線の10kmにわたる道路上で約100頭のバッタを目撃して、飛来に気がついたのです。

　その日は良い天気で最高気温が20℃、10～11m／秒の西風が馬毛島から種子島の方向に吹いていました。13：15－13：35の間に西之表市能野から浜津脇で96頭、14：00－15：00に42頭、住吉中学校校庭の芝生に約200頭、住吉海岸で約50頭、見つかりました。

　午前中の陽気で飛び上がったバッタの群れの一部が、西風にのって種子島に運ばれたものと考えられます。道路、畑、校庭などで発見されたばかりか、海岸にも、瀕死のバッタが多数うちあげられていました。馬毛島は暖かい所で20－25℃以上になり、舞い上がって群飛が起こり、そのバッタの一部が強風で風下の種子島方向に飛翔し、途中で海にも落下したと考えられます。

　報告された程度のバッタの数では種子島における防除の必要はないと思われました。しかし、この飛来が見られたことにより、種子島でサトウキビを栽培している人々は危機感を強め、急いで馬毛島のバッタを防除しようとする機運が高まりました。

(3) 越冬成虫に対する防除

　西之表市では、さっそく成虫の地上群に対する殺虫剤散布防除を計画し、12月から1月にかけて越冬集団に対して合計4回の薬剤防除が実施され、多くの成虫が殺虫剤で防除されました（表13）。

　12月12日から1月19日にかけて、背負式動力散布器により薬剤散布による成虫防除が実施されました。散布はススキやチガヤの草上に成虫が静止している早朝か夕方の低温時に行い、4回の大々的な防除でした。8人から14人が一回の防除を手掛け、1000万頭前後のバッタを殺したと思われました（図14）。

表13 馬毛島における秋から冬にかけてトノサマバッタ成虫防除の主な経過

防除年月日	薬剤名散布量	防除区域 面積	防除時刻	防除効果	その他の 防除条件(防除人数)
1986年12月12日	MEP3%粉剤 48袋 144kg	高坊 3ha	16:00～17:00	1㎡ 200頭×3ha 600万	9人
1986年12月13日	MEP3%粉剤 40袋 120kg	高坊 3.5ha	7:20～8:15	1㎡ 90頭×3.5ha 315万	8人
1986年12月26日	MEP3%粉剤 72袋 216kg	下之岬 4ha	16:30～17:15	1㎡ 50頭×4ha 200万	14人 気温17℃前後
1987年1月19日	MEP3%粉剤 48袋 144kg	上之岬 1.5ha	15:30～16:30	1㎡ 50頭×1.5ha 75万	8人 気温12℃前後 風強い

背負式動力散粉機使用

図14 成虫防除実施箇所（12月12.13.26日、1月19日）

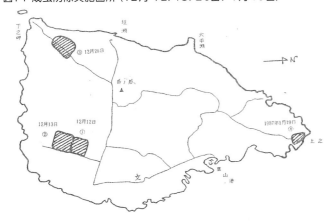

(4) 群れが小集団化、成虫越冬体制に入る

　12月に入ってから各群れは多くの数を維持しながら、12月12日、高坊の①地点にいた群れは、12月13日②地点に少し移動していました。餌の問題だと考えられますが、どのような移動の仕方であったか分かりません。

　12月26日は下ノ岬の近くの草原にかなりまとまった集団でいました。

　1987年1月19日になると図14に示すように上ノ岬に集団が見られました。1月22日は小さな群れになり島内の内陸部の多くの地点に分かれて越冬していました（図15）。

　2月23日は、図16で示すように1月に比べさらに集団が分散して小集団化して島の中央で餌を食べ続けていました。9:00、馬毛島に着いたとき気温は18℃でしたが、日向では24.5℃で弱い北の風があり、岳ノ越では25℃以上ありました。

　成虫は草の中から跳び出したり、少し飛び上がったりする個体もあり、気温が上がると、跳び上がり、活動することがあることが分かりました。12:00の岳ノ越は25℃で、13:00、葉山でもチガヤ、ススキでゴソゴソ動いていました。

　このように12月から3月まで小集団（小さなまとまり）で、餌を食べ続け、気温、寒さと風に対応して、餌の確保と越冬に条件の良い場所に移動しながら冬越ししていきました。

図15 越冬成虫の分布（1987年 1月22日）

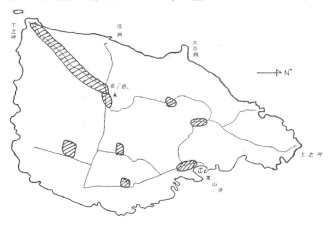

図16 越冬成虫の分布（1987年 2月23日）

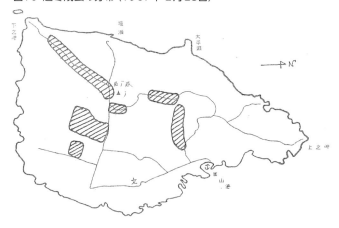

（5）越冬調査から第一世代発生へ

3月に越冬成虫が産卵を始める

　11月まで、バッタの成虫は一つの大きな群れで行動していました。農薬散布で成虫数が減少したとはいえ、1月22日と2月下旬に調査した時はまだかなりの成虫が生息していました。ただ、集団が小さくなり島の南半分にばらばらになって広がっているようでした。そして、成虫で越冬していることが改めて確認されました。2月23日の調査では、卵巣が発育を開始している個体もあることが解剖によって確認されました。さらに、採集して鹿児島県農業試験場に持ち帰った成虫を室温で飼育していたところ、3月下旬には産卵を始めたので、馬毛島でも産卵が始まっているものと思われました。

　そこで、3月26日の馬毛島調査では、さっそく卵を探しました。越冬後の成虫が多く見られた南部のススキ荒地の中に少し盛り上がったような裸地があったので、ここにねらいをつけて注意深く地面を這うようにして探すと、産卵孔らしきものが見つかります。

はじめはこれを目印に、移植ごてと手で丁寧に掘り返していきました。最初の卵塊が見つかれば、その後は勘もできて作業はどんどん進みます。

卵塊は薄茶色の卵鞘の中に4〜5冊の細長い卵粒が数十個行儀よく並んでいます。卵塊は土中2〜5cmの深さに産みこまれていました。このような調査を越冬成虫の多かった数地点で5月まで続けました。その結果、産卵は3月から6月にかけて、荒地の裸地や、以前に畑だった所の畝の盛り上がった裸地に主として行われることが分かりました。産卵活動のピークは4月〜5月でした。調査結果を表14にまとめました。

表14 野外の越冬成虫による春の産卵状況（第1世代卵）

地　点	高坊〜岳ノ越		高坊	平均
	A	B	C	
1987年3月26日	5	5	—	5
4月14日	5	2	7.5	5.5
5月18日	7	34		20.5
6月27日	7	—	—	—

1㎡当たりの卵塊数は、数卵塊から34卵塊、平均5〜7卵塊です。持ち帰って飼育したメス成虫は1頭当たり1〜5卵塊産み、1卵塊当たりの卵粒数は平均50個ぐらいでした。したがって全部孵化すると、1㎡当たり300頭の幼虫が出ることになり、大発生を継続しそうな多くの卵塊が産まれていました。

(6) 産卵された卵塊から5月に幼虫がふ化

3月に馬毛島で採集した卵は、鹿児島市で植木鉢に埋め、屋外に出しておいたところ、5月中旬にふ化し始めました。西之表市役所の池浦さんによれば、馬毛島の卵を種子島で同様に飼育したものは、鹿児島より少し早く5月10日から幼虫がふ化してきたとのことです。

5月18日の馬毛島の調査では、予想どおり越冬成虫は少なくなり、産卵中と思われる個体も、死亡した成虫も見られました。新しく芽生えたススキやチガヤに、まっ黒な1令幼虫が集まっていました。その中には2令幼虫も一部見られたことから、5月はじめからふ化が始まったものと思われます。幼虫は人が近づくとすぐ跳び散るため計数しにくいのですが、捕虫網を集団めがけてかぶせる方法で調べたところ、多い所では1㎡当たり40〜300頭ぐらいの幼虫がいました。また卵の調査中に、掘り出した卵塊から次々と幼虫が孵化してくるところや、土の中から卵の殻をつけた孵化幼虫が這い出してくるところも観察しました。孵化幼虫はまだまだ増えそうな雰囲気でした。幼虫集団が形成されるのはまだ先で、必要ならその段階で本格的な防除をすればよいだろうとは思いましたが、今後の成り行きを気にしつつ島を後にしました。

8. 病気（糸状菌）の大流行

（1）突然いなくなったバッタ

　次に馬毛島に行ったのは6月27日です。早いものはもう成虫になって飛び回っているかもしれません。老令幼虫が昨年見たような集団行進をしているかもしれません。島に上陸すると、さっそく例のおんぼろジープで島内巡回へと急ぎました。

　ところが、孵化幼虫の多かった高坊の場所に行っても虫の子一匹見つかりません。新しい成虫が少し羽化しているようですが、ほとんど見られません。しばらくは狐につままれたような気持ちで付近の草原を探し回りました。そのうち、前回の調査時にはほとんど幼虫のいなかったススキの草地で、枯れたススキの茎や葉の先端につかまって死んでいるトノサマバッタの幼虫が多数見つかりました。周辺を注意して見ると、30㎡くらいのススキ原の中に幼虫や成虫の死体が何百頭もあるのが目につきました。どの個体も頭を上に向けて枯茎の先端までのぼりつめ、茎を6本の脚でしっかりとかかえこむようにして、カラカラになって死んでいます。周辺を探すと生きた幼虫と成虫も少しはいましたが、どの個体も元気がありません。幼虫はジャンプができませんし、成虫も跳ぶことも飛ぶこともできず、ススキの株元に落ちるようにして草の間にもぐっていきます。

　前回の調査時には、幼虫が少なかった高坊から岳ノ越の他のススキ原でも同様の死体が見つかり、このような例は5-6カ所以上ありました。死んでいる様子から流行病による病死と思われました。今回見たバッタの死体は目につく周辺でも数万頭にのぼると思われます。その様子は、ススキ1株当たりの病死虫数を数えて示しました。表15を見れば容易に想像していただけるでしょう。

表15　ススキ1株当たりの疫病によるバッタの死亡虫数（高坊－岳ノ越）

	株①	②	③	④	⑤	⑥	合計	平均	割合(%)
死亡成虫	5	2	2	4	1	2	16	2.7	5.8
死亡幼虫	56	26	24	54	29	62	251	41.8	91.6
生存幼虫	5	2	0	0	0	0	7	1.2	2.6
合計虫数	66	30	26	58	30	64	274	45.7	100.0

（1987年6月27日）

　前回5月18日の調査でふ化幼虫の多かった所では、バッタはもっと早く病気にかかり、死滅したのでしょう。虫の死体も見つかりません。この日に見た死骸は馬毛島で発生した第1世代最後の幼虫発生地の状況だったと思われます。この時点で馬毛島のトノサマバッタの大発生は終わりました。劇的な終幕、呆気ないトノサマバッタの最期でした。

　考えてみると、この流行病のきざしは5月18日にありました。5月18日の調査で成虫の死体に出くわして、カメラに収めていました。西之表市では、今年のバッタの大発生を防ぐため、5月と6月の2回、一部の地域で農薬による幼虫防除を実施しました。もう少し的確に成り行きが予見されていたら、よけいな苦労もせずにすんだのに、残念に思いました。

(2) 流行病の病原体

　こうしてトノサマバッタの大発生は1987年6月で終わりましたが、いったい流行病の病原体は何でしょうか。バッタの死体を九州大学生物的防除研究施設の河原畑勇さんに調べてもらいました。学名をエントモファガ・グリリィ（Entonmophaga grylli）という糸状菌（カビの一種）による、疫病であることが分かりました。

　この糸状菌の分布は広く、新旧世界のいたる所で知られています。寄主は、報告されただけでも100種以上ありますが、バッタ、イナゴ、コオロギなど、すべて直翅目（バッタ目）昆虫の成虫や幼虫に寄生しているようです。この菌に感染して発病した虫の行動は奇妙です。感染虫は早朝にゆっくりと植物の上方にのぼり、やがて前脚でしっかりと植物体につかまり、茎をかかえこむようにして動かなくなります。夕方までにはほとんどの個体が死にます。気温の低い雨模様の日には、健全虫は食草の下部の茂みや地上部にひそみますが、こんな日でも感染虫は上方にのぼる行動を示します。感染してから死ぬまで約2週間、好適な条件では1週間以内に発病・病死するそうです。病死後まもなく体全体がやわらかくなり、白い菌糸が体節の間から細毛状にのびてきます。胞子形成によって分生子（胞子）が作られ、あたりにまき散らされます。高温多湿条件で分生子は発芽し、地上部にひそんでいる健全虫は感染します。この分生子の寿命は短く、3日間程度だそうです。少数の個体は、体が固くなって死亡します。その体内では休眠胞子が作られ、次の流行期を待ちます。馬毛島の病死虫は大部分がこの病徴を示していました。

(3) 流行の条件

　この糸状菌によるバッタの大量死は、タイ国ではセスジツチイナゴ（Roffey 1968）、カナダのサスカチュアン地方では Camnula Pellucida というイナゴで（Pickford & Riegert 1964）、いずれも1963年に見られています。またセスジツチイナゴの病死は、沖縄県農試の長嶺将昭さんの話では沖縄でもサトウキビ畑で時々見られるそうで、霧がかかった時に、一夜で大量死が起こるとのことです。その後、わたしは徳之島でサトウキビに多発生したセスジツチイナゴで、このような死に方をする病気を1996年に見たことがあります。これと同じ死に方をしたバッタ類を鹿児島県内の野原のススキの葉でも、時々見ることがあります。

　タイやカナダ、それに馬毛島での大量病死に共通している気象条件は、いずれも例年以上に降雨があり、その期間も長かったという点です。たとえば馬毛島では、関東地方が水不足にあえいでいた1987年、いつもより雨の日が多く、3月から6月までの4カ月のうち降雨日は62日でした。これに対して前年（1986）は49日、1985年は57日でした（表16）。

表16　種子島における3−6月の降水日数と降水量（1983−1987年）

年	3-6月の降水日数	降水量	年間降水量
1983	69	1459.0	2537.5
1984	61	858.0	2076.0
1985	57	791.5	1757.0
1986	49	817.5	1731.0
1987	62	967.5	2485.0

トノサマバッタが大発生した1986年は干ばつ気味だったことが、バッタの増殖に有利に働いたわけです。病気が伝染しだすと99%の高い死亡率をもたらしている点も共通しています。また、100種以上の寄主が知られているにもかかわらず、流行地では、ある特定の種類だけに病死が起こり、混棲している他のバッタ・イナゴ類は、発病虫と一緒に飼育しても感染しないのです。この病気が流行した馬毛島の南部では、その後もコオロギの仲間やセグロバッタなどが、以前と同様に多数見られました。これらの虫にはこの病気は感染しなかったものと考えられます。

　タイでセスジツチイナゴの病死を研究したRoffey（1968）は、トノサマバッタがこの糸状菌の分布圏に広く分布しているのに、いまだに感染した記録がないのは不思議だと言っています。この糸状菌はひと口にエントモファガ・グリリィと言っていますが、寄主を異にした多くの系統があることを示しています。そして今回の馬毛島での記録が、トノサマバッタで見られた最初のエントモファガ・グリリィの発生報告となります。

(4) 生物的防除に利用できないか

　これほど劇的な大量死亡を起こす病原体をバッタの防除に使えたら……とは誰しも考えることです。一部の個体にでも病気を感染させることができれば、あとは伝染力にまかせておくだけで密度が100分の1ぐらいに減ってしまうのですから、こんなうまい話はありません。昆虫病理学者たちは、まずこの糸状菌をなんとか人工培地でふやそうとしましたが、いずれも失敗に終わっています。また、休眠胞子をバッタの飼育箱の砂に混ぜたり、水に混ぜてシャワーのようにバッタの上からかけたりして、なんとかして病気を起こさせようという実験をしています。部分的に発病するものの、その結果は実験者を満足させるほどではありませんでした。

　また、従来の系統では、感染のために高温（30℃以上もよくない）、多湿が必要なわけですが、バッタの大発生は乾燥した比較的冷涼な地帯でも起こるので、このような条件でも利用できるような菌の系統を人工的に培養できない限り、利用の見通しは悲観的です。

　馬毛島でのトノサマバッタの大発生と糸状菌による絶滅を報告したところ、昆虫病理学の専門家である青木清先生からお手紙をいただき、今までの経過をお伝えしました。このことについて大変興味を持たれていることが分かりました。

9. 1年間の発生経過（周年経過）と大発生の原因は？

(1) その後の馬毛島のバッタ

　馬毛島におけるその後の様子を紹介したいと思います。大発生したトノサマバッタが疫病で全滅した1987年6月27日。その後、1987年8月1日に島全体を見回りました。越冬成虫が多くいた南部地域に行っても、バッタは影も形も見られません。北部から岳ノ越のある中

表17 馬毛島におけるトノサマバッタ大発生の1年間の主な経過

調査年月日	成虫の状態	その他の虫態	備考
1986年			
9/24			漁民より市へ通報される
25	トノサマバッタ群飛の確認	幼虫の群多数確認	
26	成虫の群(トノサマバッタと確認)	数カ所で幼虫の群	
10/4～5	大群で島内を移動して回る	幼虫の群	幼虫対象に薬剤散布
10～12	大群で島内を移動して回る	幼虫の群なくなる	薬剤散布
20～21	大群で島内を移動して回る 夜間は集団で休む	幼虫は減少した	
11/4～5	大群で島内を移動して回る		
13	大群で島内を移動して回る		
27～28	大群が近くの2カ所に分かれた		
12/10	種子島で一部の個体が採集される		
12/12～13	集団で荒地で休息		成虫防除
26	集団で荒地で休息		成虫防除
1987年			
1/19	集団で荒地で休息		成虫防除
22	7カ所以上に分散している		
2/9	種子島で一部の個体が採集される		
14	成虫は分散している		
23	南半分に分散している	卵巣は少し発育した	
3/26	南半分に分散してみられた 20℃以下では不活発	土を掘って卵塊みつかる 幼虫はまだいない	
4/14	小雨で成虫不活発	卵塊みつかる 幼虫はまだいない	
25	成虫は少なくなる	幼虫はまだいない	
5/18	産卵中の個体や死体がみられる	ふ化幼虫と一部2令幼虫	幼虫防除
6/5	越冬成虫はみられない	ふ化幼虫は前回より少ない 2～4令幼虫が一部	
27	新しい成虫はほとんどいない	幼虫はほとんどみられない 3～5令成虫の死亡個体が多い	幼虫防除
8/1	高坊～岳ノ越一帯の成虫はいない 島の北部や島全体に緑色成虫がいる		
9/5	成虫は少しみられる	幼虫はほとんどみられない	
9/25	新しい第2世代成虫が少しみられる	2～3令幼虫が少しみられる	
1988年			
9/27	第2世代は少発生		
1996年			
7/13			漁民より市へ通報される
7/16	多発生		
9/12	少発生にもどる		

央部にかけては、本土の荒地でふつうに生息している程度のトノサマバッタが見られました。4～5人で半日かかってやっと100頭採集した程度です。捕虫網を10回振っただけで何百頭のバッタがとれたことなど嘘のようです。

　採集したバッタの体色は、孤独相の特徴である緑色の個体が60％、褐色から茶色の個体が40％で、黒色をした群生相の個体は数頭しかいませんでした。前胸背板のくぼみ具合を横か

ら見ると、ほとんどの個体が凸形で、孤独相の特徴を示していました。性比〔♀／(♂+♀)〕も大発生時の50％に対し35％と、メスの比率が低くなっていました。これまでの状況から考えると、これらの孤独相のバッタは、南部の病死をまぬがれた個体の子世代というよりも、もともと北部で群れからはずれて低密度で生息していて、病気の流行地域外にいた個体群の子孫であろうと思われました。

1987年9月25日は、私たちが調査を開始してからちょうど1年に当たります。昨年は島全体の緑が食いつくされていたのですが、この日は再び緑におおわれています。3000万－5000万頭のバッタが群飛してすさまじかったこの島に、秋の虫が静かに鳴き始めていました。住民の離島、無人化、荒地化、山火事と干ばつ、バッタの大発生、そして流行病によるその終息。平和な自然の回復とともに、大発生のドラマは終わりました。自然の猛威とその復元力のしたたかさを、目のあたりに見た1年でした。

私たちは、最初の調査から30回以上にわたって調査隊を編成し島を訪れています。この間の主な虫の動き、調査、防除の経過を表17にまとめました。

(2) 馬毛島における周年経過

馬毛島では今回の調査で大発生が発見された1986年9月下旬、新しい成虫が主体を占めていました。その後の調査で、そのまま成虫の世代で冬を迎えて越冬し、3－5月産卵、5月ふ化、6月中旬幼虫から成虫という経過が分かりました。馬毛島では、成虫越冬、6月第1回成虫、9月下旬第2回成虫が出現し、成虫越冬するという、奄美大島と同じ周年経過をすることが分かりました。

トノサマバッタは日本本土では年1回発生が主体で、卵で越冬して夏に成虫となり、秋に産卵するのが最もふつうの経過です。日本本土でも、一部は2回発生もあることが報告されています。奄美大島では年2回発生することが分かっており、沖縄では3回発生し、冬は成虫で越すといわれています。本土と奄美大島の中間にある馬毛島のトノサマバッタは本土型か、それとも奄美・沖縄型か、これまで分かっていませんでした。今回の調査で、馬毛島では2回発生する奄美大島と同じ発生回数である事が分かりました（図17）。

(3) 馬毛島で大発生した原因

はじめにも書きましたが、馬毛島は1980年以来人も住まず、荒れるにまかせています。この馬毛島でなぜ大発生になったのか、考えてみます。第一に、かつての牧場や水田やサトウキビ畑の跡にはイネ科やカヤツリグサ科の雑草が生い茂り、トノサマバッタの好適な繁殖地になっていたようです。そのためトノサマバッタの多い島として知られていたようです。

第二に、この地方は1984年から降水量が少なく乾燥が続いたため、産卵に好適な地面が増加し、卵のふ化率が高まりました。群生相への移行が始まると、乾燥条件は群生相化するのにふさわしい条件のため、ますます繁殖に有利に働き、バッタの密度は高くなったと思われます（表16）。

第三に、大発生前年の1985年11月20日、この島で雷によると思われる山火事が発生し、島の4分の1が焼けました。このとき、島のトノサマバッタの成虫は焼け残った草原に追い

図17 馬毛島におけるトノサマバッタの周年経過

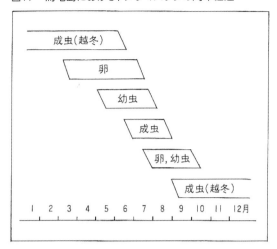

やられ、それによって生じた高密度下で、群生相への第一歩である集合性を獲得したものと思われます。

　焼け跡にできた裸地は産卵に最も適した場所になりました。春になると越冬した成虫はここに集まって卵を産みます。集合性を獲得したバッタには、1匹が産卵するとその附近にどんどん集まって産卵する特性があります。集中的に産み落とされた卵塊からふ化した幼虫は、干ばつによって卵のふ化率を高め、ふ化幼虫の生存率が高くなったと思われます。3－4月には成虫はますます集合性を強化しながら集中的に産卵し、ふ化幼虫は焼け跡でいっせいに芽を出したトノサマバッタの食草として好ましいススキやチガヤの新芽を食物として育ちます。1986年の干魃、その後の梅雨時の新芽の生育はバッタの成育に有利に働き、幼虫は順調に成長し、6－7月には第一世代新成虫が生まれ、集合しながら第1世代から第2世代へと産卵していきました。前年の山火事は天敵などを減少させる役割もあったかもしれません。1年間の調査のとき見られた、コガネグモ、カマキリ類、アオメアブなど、天敵は山火事の影響で少なくなったものと思われます。第1世代、第2世代とも天敵による死亡率は低かったものと思われ、バッタは密度がさらに高くなり、集合性が強くなったにちがいありません。

　トノサマバッタは、馬毛島では年に2回発生することが分かりました。したがって私たちが見たバッタの大群は、馬毛島全体的に高密度になっていたバッタが、群生相に達するに必要な集合条件を2世代ほど経験してきて3世代目に大発生したものと考えてもおかしくないかもしれません。1985年までに馬毛島のバッタの密度が相当高くなっていたものと思われ、さらに山火事による影響が集合性を高め、今回のような大発生を招いたものと考えられます。

　このことから考えると、餌となる広大な草原があり、ある程度の高い密度になっていると、その後の条件が揃うと3世代経過するだけで、大発生密度になり転移相のレベルまでになるのではないかと思われます。

　1985年までに増加していた馬毛島のトノサマバッタは、山火事、干ばつ、適期の雨、などをうまく利用して、大発生へと進み、相変異の転移相から群生相に近い程度にまで増加し、幼虫の集団行動、成虫の集合性、群飛行動などが見られたものと考えられます。

10. その後、馬毛島でのトノサマバッタは？

(1) 1987－1988年の発生

　1986－87年、馬毛島で大発生が起こったトノサマバッタは、1987年9月1日にはもう通常の発生に戻っていました。その後、バッタの大発生が起きたのでしょうか。その後も、時々西之表市病害虫防除対策協議会で調査を行っており、それらの結果は次のようなものでした。

　1987年6月27日でトノサマバッタの大発生は、疫病の発生により終息して全滅したと思われていました。

　その後、1987年8月1日、全地区に緑色の成虫が少し、1987年9月25日2－3令の幼虫と2世代成虫が少し見られました。さらに1年後の1988年9月27日にも、永島田さんらにより調査が行われましたが、少しの虫は見られたものの、多発生の様子も見られず、これで馬毛島のトノサマバッタは終息、ということになりました。

(2) 1996年の多発生

　ところが、前回の大発生から10年過ぎた1996年7月13日、馬毛島に釣りに行った漁師から馬毛島にバッタが大発生していると、また西之表市役所に連絡が届きました。

　そこで早速、7月16日、西之表市病害虫防除対策協議会員5人で調査に行きました。メンバーは、10年前の大発生の調査を行って事情をよく知っている西之表市役所の野平係長、虫の専門家である鹿児島中央防除所熊毛駐在の西岡主任研究員を中心に、馬毛島へ渡り全域で調査を行いました。前回ほどの大発生ではありませんが成虫の密度は高く、1㎡10－30頭、高密度地点100－200頭以上、幼虫も、数頭－十数頭でした。形態は、高密度地点で成虫は褐色から赤褐色、小型の個体が多いという、群生相に近い形に見られました。このままでは、また大発生になるのではないかと、現地では非常に心配していました。

　この7月中旬に発生したバッタは、越冬した成虫が5月頃産卵して、これが幼生、成虫となった第1世代成虫の最盛期と思われ、交尾中の成虫が多数見られました。産卵している個体は見かけられませんでした。

　その後、私も続けて調査に行く予定でしたが、あいにく台風6号、台風12号の襲来と、雨天や強風が続いたため、馬毛島の調査には行けませんでした。やっと行けるようになったのは9月になってから。地元メンバーと9人の調査隊を組み、私も一緒に馬毛島に渡りました。7月の発生状況から考えると、ちょうど2世代目の成虫が出現し始める時期になったと思われる9月12日、相当多くのトノサマバッタの発生を予想していました。上陸して、前回7月16日に多かった東海岸の葉山港付近では、その時、バッタの幼虫も成虫も見られませんでした。周辺のリュウキュウチクの葉は食い尽くされ、枯死している茎が目立ちましたがバッタ

はいません。不思議に思いながら南部地帯に行くと、ここでもトノサマバッタはほとんど見られずに、セグロバッタの発生が多くなっているのに気付きました。時々見られるトノサマバッタの形態と色彩は、大発生時の個体に近く、小型で褐色の個体がほとんどでした。

7月に比べ、幼虫も成虫も著しく少なくなって、採集するのにも苦労する状態でした。これで10年前のように密度上昇して、大発生に向かう心配もなくなりましたが、7月の発生の話や、イネ科植物の食べ跡から見て、バッタの減少の理由が分かりませんでしたが、バッタの減少を見届けて対策協議会としては安心して種子島に帰りました。

それでは、1996年7月16日のかなりの多発生から9月12日の小発生になった間に何が、トノサマバッタの発生の増加を抑えたのでしょうか。考えられることは、次の諸点です。

1. 台風6号と12号の襲来による風雨のバッタに対する直接の影響。
2. 2世代目の卵は長雨により死亡率が特に高くなった。
3. 長雨による植物餌の不足がバッタの活動に影響を与えた。
4. 10年前と同じく、疫病の大発生により減少した。
5. シカの食害によるバッタの餌不足。
6. セグロバッタの増加によるトノサマバッタ発生への影響。

台風の長雨と風雨のため、卵と幼虫及び成虫の死亡率が高くなったことが一番の影響と考えられます。

一方、7月16日のかなり高い密度レベルまで上昇したこと、このような高密度は今後も条件が揃えば起こりうることで、さらに条件が揃えば1986年のような大発生が起こる可能性は十分考えられることが分かりました。

自然状態では1996年のこの程度の密度の増加と減少は起こっているだろう、それは、トノサマバッタなど飛蝗となる性質を持つバッタ類の生態的な特徴だろうと思われます。

11. 世界のバッタ事情

(1) 日本のバッタ発生事情

まず、日本におけるトノサマバッタ大発生の記録はどうでしょう。

我が国におけるトノサマバッタの大発生の記録は、宮下(1970)により古い記録からまとめられています。

北海道で明治時代の1880年代から1884年にかけて、十勝地方で大発生した記録があり、バッタ買い取りまで実施し集められるほどで、バッタの死骸や卵塊の山が多数できてバッタ塚として残されています。

関東平野でも大発生した記録が、1800年以降多数あります。

近年では、新設した各地の空港や競技場などの芝生、新設した牧場や牧野で大発生して問題になっています。

南西諸島の沖縄、奄美群島などでは、サトウキビ重要害虫として多くの大発生の報告があります。

　トノサマバッタは、南西諸島のサトウキビ栽培地帯では常時発生し、時々地域的に多発生して被害をあたえるセスジツチイナゴと共に主要害虫の一つになっています。私も奄美群島の奄美大島、徳之島に勤務した11年の間に多くの多発生した事例を聞いたり見たりしました。

　馬毛島で2回目の多発生が見られた1996年に、徳之島のサトウキビ畑で多発生の知らせを受けましたので、新しい記録として徳之島伊仙町目手久の発生の様子を紹介します。

　1996年8月21－23日、多発生の知らせを受けて現地調査をしました。多発生したキビ畑は広いキビ畑地帯の中にあり、10a足らず、草丈2mぐらいの圃場です。調べた結果、被害株は葉がほとんど食い尽くされ芯だけ残っており、一部周りの畑へも食害が広がっていました。トノサマバッタは、生きた成虫はいましたが、疫病による病死個体が多数見られました。多い部分では1茎当たり3－5頭の病死した個体が見られました。このように、死亡個体がほとんどで、周辺への拡大も見られず、発生及び被害は1－2枚のキビ畑だけで、ほぼ終わっていました。

　これは少面積での発生でしたが、条件により多発生の部分が拡大して地域的な多発生になることが多くあります。サトウキビ1－2枚の畑から、数ha、さらに地域全体が被害を受ける重要害虫になることもあります。

明治13年から18年、北海道十勝地方でトノサマバッタが大発生した。三百数十億匹が駆除されたといわれる

　馬毛島で大発生した前年の1985年には、沖縄県の石垣島と宮古島の中間にある水納（みんな）島で、やはりトノサマバッタが大発生していました。

沖縄の水納島は、多良間島の北約7kmにある、わずか250haの美しいサンゴ礁の島です。かつては100人以上住んでいましたが、当時はわずか10人ほどの人たちが牧草を作り、牛を放牧して生活しているだけです。区長の宮国岩松さんに聞いた話では、バッタは1980年ごろから増えだして、1985年には典型的な群生相のオレンジと黒のまだらの幼虫集団が庭をおおうほどに発生して、成虫の群飛も9〜10月頃に見られたそうです。牧草として、最初ジャイアントグラスを植えたのですが、あまりに被害がひどいので、その後ネピアグラスに変えたということでした。1985年に食害されたという牧草地は、それから2年たっても株全体が枯れたままの草地が広がっていて、大発生時の島民の恐怖が伝わってくるようでした。幸い島民たちの農薬による防除によって、まだまだ数は多いものの、群飛するような大発生はそれ以来起こっていません。無人島の馬毛島とちがって、生活の基盤になっている牧草を直接バッタが襲っているだけに、私たちも馬毛島の伝染病を持ちこめないかと真剣に考えたものでした。

(2) 世界のバッタ事情

　2020年、アフリカではサバクトビバッタが大発生してアフリカ東部のケニア、エチオピア、ソマリアを中心に農作物の被害が相次ぎ、3カ国で1200万人が影響を受けていると報道されました。このバッタの大群は、いまもアフリカからアジアに向けて被害を広げているそうです。バッタの群れは1日で3万5000人分の食料を食べてしまいます。地元政府は小型航空機から殺虫剤をまきますが、バッタは数千億匹の群れで、1日150km近くを移動することがあり、豆やトウモロコシを食べ尽くしてしまうとケニアの人は心配しているということです。

　アフリカで大発生しているサバクトビバッタの生態について、田中誠二さんの報告から簡単に紹介しておきましょう。

　成虫は体長5−8cmとトノサマバッタより大型で、幼虫は5−6令を経過し、生息地の背景色に似た緑から茶色で、背景色に反応して体色を変えます。通常発生時は幼虫も成虫もお互いに避けあう性質があり、単独行動をとっており、いわゆる孤独相と呼ばれるときは作物に被害を与えることはありません。好条件が続いて数が増えると、お互いがひかれあって集合する性質が現れます。摂食などで動く仲間を見ているうちに幼虫は黒くなります。多発生すると、黒い幼虫の大群が地面を行進します。成虫になると群れで飛翔し、集団で草や木の葉を食べ、食物を求めて移動します。この状態のバッタを群生相と呼び、揃って成虫になり、脱皮回数が少なくなり、成長も早くなって産卵するため大発生となります。

　国連食糧農業機関（FAO）の報告によると、2020年に大発生しているサバクトビバッタは、2018年カタールで増え始めたものです。サイクロンの襲来により多雨になり餌植物が繁茂してバッタが一気に増えました。大群をなして周辺諸国に移動し、サウジアラビアに移動し、2019年後半にはイラン、パキスタン、インドの国境まで達しました。これらの集団は、東アフリカのソマリア、エチオピアに移動し、別の集団は南下して、スーダン、ケニア、タンザニア、ウガンダに達しました。

　サバクトビバッタは草本から樹木の葉や芽のほか、人が栽培するトウモロコシ、ソルガム、豆類、蔬菜類から牧草までさまざまな植物を食べます。2020年の成虫の集団は500億〜1000

億頭とも推定されています。バッタは１日に体重と同等の植物を消費すると言われています。バッタ対策としては、FAOやアフリカ諸国により構成される研究機関などにより、アフリカ各国のバッタの発生状況の情報は集められていますが、大発生してしまうと、成虫防除を行い作物を守ることと、幼虫集団の発生を防除することしか方法はないようです。

防除薬剤は化学合成農薬とバイオ農薬がありますが、防除費用も十分でなく、治安と貧困のため、さらに防除技術者も不足しているため十分な防除ができないそうです。

大発生の原因には気候変動、温暖化も指摘されているようです。

サバクトビバッタの生態については未知な部分も多く、日本からも数人の研究者がプロジェクトに参加しています。研究への支援や資金援助もまだまだ不足しているようです。

中国におけるトノサマバッタの怖ろしさは、パール・バックの小説『大地』で紹介され有名になりました。中国では黄河の洪水によって、河川敷にいるバッタが残った陸地に追いつめられて繁殖し、群生相に発達して「蝗害」が発生するのです。黄河流域でのバッタの大発生と洪水の記録は、紀元前600年までさかのぼることができます。ところが、中国は1952年から1961年までの10年間に、5000万ムー（１ムー＝１／15ha）のバッタの常発地を水田や畑にかえることによって、2500年以上にもわたって悩まされてきたトノサマバッタの被害をなくすことに成功したということです。しかし、バッタの問題はこれで終わったわけではなく、最近は山東・河北の各省で大発生し、毎年航空機による防除を実施していると、中国農牧省の馬桂椿さんが桐谷さんに知らせてくれたそうです。

その点、馬毛島における大発生は、世間の注視と監視のもとにあったので対策は万全だったと言えるでしょう。

バッタは昆虫のなかでも、最も研究された虫のグループです。1948年から1968年までの20年間に出されたバッタに関する報告論文数は7000編にも達し、１日平均１編の論文が世界のどこかから報告された計算になります。しかし、まだまだ分からないことだらけです。

オーストラリア南東部では、1984年、２年間の連続干ばつのあと過去50年間で最大規模のオーストラリアトビバッタ（Chortoicetes terminifere）の大発生が見られました（Wright1986；Wright & Symmons1987）。

つづいてアフリカ大陸では、1984年までの大干ばつの後、1984年から1986年にかけての降雨で、４種のバッタとセネガルイナゴが、過去60年間で最大規模の同時発生をしました。４種のバッタとはトノサマバッタ、チャイロトビバッタ、アカトビバッタ、サバクトビバッタです。サバクトビバッタは熱帯前線の移動とともに繁殖地をかえる遊牧生活者です。他の３種は常発地があり、繁殖によって密度が高まると常発地から周辺地域に侵入していく生活様式をとっています。セネガルイナゴは、普通それほど問題にはならないイナゴですが、1986年の雨で、地中で降雨をまっていた数年間分の卵がいっせいにふ化したため大発生したと考えられています。卵で数年も休眠するのでしょうか、どうでしょう。

バッタの大発生の予防は、幼虫集団の早期発見とその防除にかかっています。第２次世界大戦後、バッタの研究と防除は、国際的な協力態勢によって進められてきました。FAOは、1958年から1973年まで、60カ国にサバクトビバッタの発生情報を提供していましたし、そのあとは英国が、1982年までその業務を受けついでいました。他方ではそれぞれの地域に特

有なバッタ類の発生予察と防除のために、いくつかの地域ブロック別の国際機関がつくられました。しかし、1960年以降バッタの大発生がなかったため、加盟国の資金供出もとどこおりだし、これらの機関の機能も麻痺し始めました。それに加えて各地で内戦が起こったりして、国際協力はますます困難になりました。航空機やランドローバーなしではバッタの早期発見も防除も不可能です。アフリカ大陸のバッタの大発生も自然と人為の総合作用です。

1986年8月にはFAOにバッタ緊急対策本部が作られ、各国に資金援助を訴えました。アメリカ合衆国、欧州各国からはすでに3500万ドルの援助の申し入れがあり、50余機の航空機を使って約300万haを対象に化学防除が実施されました。このような大発生の将来はその後の天候にかかっているようです。干ばつが続けば自然に食草が減少し死亡率が高くなり、防除効果も上がるでしょう。もし適度の降雨によって食草が豊富になり同時にふ化が促進されたりすると大発生の規模が大きくなり、ますます防除が困難になると思われます。

馬毛島のバッタは、日本が世界のバッタ問題に関して、資金だけでなく技術的にも協力しうる貴重な経験の場を提供してくれたように思います。大発生の規模は全然異なり、8.2平方kmの小さな馬毛島の中で、5000万頭ほどのトノサマバッタ群生個体群の移動の話ですが、ここで得られた知見が、今後バッタ類の国際協力を分担できるかもわかりません。

12. これからの馬毛島、どうなる、どうする

今回、トノサマバッタの大発生で注目されたた馬毛島は、大きな話題の島になりました。馬毛島については多くの史料があり、馬毛島関連の出版物も多数出ており、自然環境、歴史、多くの文化遺産がある島です。

近年の出来事では、1951年開拓農民が入植を始め、1952年馬毛島分校、1964年馬毛島小、中学校が独立、製糖工場も1962－65年まであり、1959年の馬毛島の住民は113世帯、528人ありました。その後減少し1980年無人島になりました。1974年馬毛島開発が設立され、その後、石油備蓄基地の候補地、防衛庁（現防衛省）による超水平線レーダー設置構想、日本版スペースシャトル着陸基地、使用済み核燃料の貯蔵施設の話が持ち上がりました。今では米空母艦載機着陸訓練（FCLP）基地の移転先、さらには自衛隊の基地建設が始まっています。自然破壊や軍事基地に繋がり、大変心配なことです。どうにかして、馬毛島の自然を守り、平和利用の方へ進めたいと思うことです。

馬毛島は夢の島です。私が思うことを述べてみたいと思います。

(1) バッタの島、夢の島、馬毛島は東洋のパラダイス

馬毛島はアフリカのサバンナに似たススキ、チガヤ、ダンチク、リュウキュウチクにおおわれて3割ぐらいがクロマツ林の草原の島です。

トノサマバッタが飛び交う（成虫はほぼ一年中、幼虫は5〜7月と8〜10月に見られます）

大草原の中で自然の中に入り、バッタと遊べる島、昆虫をはじめ多くの自然に満ちた島で、子供から大人まで十分に野外生活を楽しむことができます。

日本バッタ研究所を作り、トノサマバッタをはじめ世界のトビバッタ類の生態、生理の研究を日本の研究者が世界の研究者と行い、アフリカをはじめとする世界のバッタ類の情報を世界に発信することも夢ではないことと思います。

また、島内に自然に繁殖しているマゲシカの行動を、一年中ウォッチングできます。

野鳥の観察、夜は星空観察、さらに豊富な周りの海の生物観察、トビウオ、サバ、トコブシなど豊かな海産物の産地でもあります。

まさに、馬毛島は自然環境観察のできるパラダイスです。

馬毛島は、鹿児島市立少年の家が無人島体験キャンプを1989年、1990年と実施しました。最近は西之表市が馬毛島活用法の勉強会を実施しています。

近年の馬毛島の写真を見ると、草地が少なくなっているように感じました。

西之表市は、馬毛島の活用について検討チームを設置して検討を進めてきましたので、軍事基地ではなく自然を生かした素晴らしい活用法が計画されることを期待していますし、行われると信じています。

種子島・日本の宇宙基地見学、屋久島・世界自然遺産の島と、馬毛島を結んで自然環境観察のできる自然の島として、ぜひ活用してほしいと思います。

おわりに

　大害虫であるトノサマバッタが、日本で大発生し、大群飛が見られました。前にも書いたように、トノサマバッタが日本で大発生することはないだろうと考えられていました。それにもかかわらず、1986年現実に大発生が起こり、群飛行動まで見られました。さらに、大発生の兆しが1996年に起こりました。

　トノサマバッタは、今も進化発達しながら大発生のチャンスをうかがっている昆虫です。生物の生理生態研究の教材としてこれほどの材料はありません。種子島から11kmの近くにある島です。研修、研究に活用する方法を考えることが大切だと思います。

　本書は、1986年の大発生以降、農林水産省研究機関の協力を受けながら、1年にわたって地元西之表市役所、農協、鹿児島県の植物防疫関係者を中心に馬毛島に渡り、30回以上の調査、防除の記録をまとめたものです。すばらしい連携で、島を動き回るバッタの群生個体群を、貴重な記録として残すことができました。馬毛島のこれらの写真を見ると、アフリカや東アジアのサバクトビバッタや、中国で起こるトノサマバッタの大群飛など、世界で起きているバッタ類の大発生の実感がわいてくることと思います。

　地元の賛成もないまま、馬毛島は作り変えられています。

　争いに加担して人類の破滅を早めるようなことをしてはなりません。このような平和な場所は守り続けなければならないと思います。

謝辞

　今回のトノサマバッタ大発生の第1報から、この調査の重要性を理解して調査を共に行った西之表病害虫防除対策協議会の会員の皆様、この協議会をまとめ30回以上の馬毛島現地調査を計画され実施された永島田義則さんには特に感謝します。バッタが非常に特異な虫のため、調査の方法などご指導いただいた国立研究機関の桐谷圭治先生はじめ野田隆志氏、森本信生氏、九州農試の方々、バッタ塚の写真を撮って送っていただいた北海道農試北村寳彬氏、鹿児島大学の湯川淳一先生、櫛下町鉦敏先生、九州大学の河原畑勇先生、さらに県病害虫防除関係の多くの方々にはお世話になりました。海外の情報については、桐谷さんとの共著の論文のほか、蚕糸昆虫研の田中誠二さんにはFAOの情報など教えていただきました。

　いつもお世話になっている鹿児島昆虫同好会の福田晴夫さんと兄田中洋、写真制作でお手数をおかけした大坪修一氏、本の裏表紙に掲載させていただいたバッタの絵の作成者平原洋司氏に感謝します。また湯川先生にはいつもご指導いただきました。

　本書の出版にあたり、南方新社の向原祥隆社長には大変お手数をおかけしました。

　長い間、虫との付き合いに協力してくれた家族にも感謝します。

　この本の原稿執筆中に桐谷さん、湯川先生は亡くなられました。この本を発行するにあたり多くのご助言をいただきました。この小書を偉大な先生方に感謝して捧げたいと思います。

主な参考文献

1) 東清二（1973）植物防疫　28：27 - 30
2) 井上寿（1983）北海道十勝国飛蝗発生史（ソーゴー印刷株式会社）
3) Ito.Y. & Yamagishi.M.（1976）ACRIDA5：17 - 26
4) 平山武章（2013）馬毛島異聞　石風社
5) 桐谷圭治・田中章（1987）インセクタリウム　24：4 - 24
6) 馬毛島環境問題対策編集委員会（2010）馬毛島、宝の島　南方新社
7) Miyashita.K.（1963）Bull.and natl Inst. Agr.Sci.Ser C.No15：99 - 170
8) 仲盛広明・伊藤嘉昭（1974）応動昆　18：5 - 8
9) 立澤史郎（2003）馬毛島の生物相　馬毛島の自然を守る会：145 p
10) 高橋滋（1986）栃木県におけるトノサマバッタの大発生について　応動昆　30（1）：17 - 2010
11) 田中章・桐谷圭治（1987）インセクタリウム　24：330 - 337
12) 田中章・永島田義則・原次夫・池田和俊・池浦孫二郎（1987）：九病虫研会報　33：230 - 233
13) 田中章（2022）トノサマバッタの大発生について　昆虫と自然　57（8）：19 - 23
14) Hiroshi Tanaka（1982）The Migratory Locust,Tocusta migratoria L. 1, Experiment on Crowding Effects. Appl.Ent.Zool　17（4）：467 - 479
15) 田中寛（1983）日本のトノサマバッタ、インセクタリウム　20：88 - 92,126 - 1350
16) 田中誠二（2007）大発生するバッタと相変異：99 - 113、アフリカ昆虫学への招待　日高敏隆監修
17) 田中誠二編（2021）バッタの大発生の謎と生態　北隆館
18) 矢島稔（1998）黒いトノサマバッタ　偕成社：131P
19) 八板俊輔（2015）馬毛島漂流　石風社
20) UVAROV,B.P.（1976）　Grasshopper and Locust.Vol.2. COPR.London：613 p
21) 梅谷献二（2004）虫を食べる文化誌　創森社：319P

■著者紹介

田中 章（たなか あきら）

1944年、鹿児島市生まれ。鹿児島大学大学院農学研究科（害虫学専攻）修了。1968 – 2003年、鹿児島県農業試験場、鹿屋支場、大島支場、ウリミバエ防除対策室、農試本場、徳之島支場（支場長）、大隅支場（支場長）で勤務。その間、アワヨトウ、サトウキビ害虫、イネミズゾウムシ、スクミリンゴガイ、コナガ、シロイチモジヨトウの生態と防除研究、ミカンコミバエ・ウリミバエの防除事業に携わる。また、1986年馬毛島で大発生したトノサマバッタの生態調査を行う。2003 – 2013年、会社技術顧問。所属学会：日本応用動物昆虫学会、日本昆虫学会、日本鱗翅学会、日本双翅学会、鹿児島昆虫同好会。著書：『ミカンコミバエ、ウリミバエ』（単著、南方新社、2021）、『ミバエの根絶』（共著、農林水産航空協会、1985）、『自然観察ハンドブック』（共著、平凡社、1994）。その他、学会報告、論文など200余編。

日本初、群生相への相変異の記録
― 1986年、鹿児島県馬毛島、トノサマバッタ大発生 ―

発 行 日	2024年9月26日　第1刷発行
著　　者	田中 章
発 行 者	向原祥隆
発 行 所	株式会社 南方新社 〒892-0873　鹿児島市下田町 292-1 電話　099-248-5455 振替　02070-3-27929 URL　http://www.nanpou.com e-mail　info@nanpou.com

定価はカバーに印刷しています
乱丁・落丁はお取替えします
ISBN978-4-86124-523-7 C0045
©Tanaka Akira 2024,Printed in Japan

ISBN978-4-86124-523-7
C0045 ¥3500E

定価（本体3,500円＋税）

南方新社

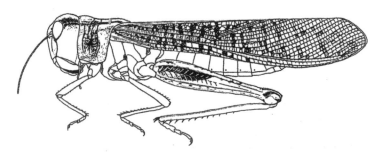

1. Body colour blackish brown.
2. Ptonotum distinctly concaved.
3. Fore wings have become longer, and hind legs shortened.
4. Body length shortened in ♀, becoming longer in ♂.

1986年9月26日採集。馬毛島産トノサマバッタ♂　平原洋司氏描く（1987年）